职业教育旅游与餐饮类专业系列教材

中式烹调工艺

烹饪基础技能

主　编　林　梅　　文歧福　　孙迁清

副主编　经　晶　　王　凯　　姚　佳　　周　凯　　黄文荣

参　编　黄玉叶　　郭景鹏　　严学迎　　胡　杆　　曾永南

　　　　　尧　进　　张井良　　邓　玮　　梁启辉　　徐红光

　　　　　覃福和　　卓礼晓　　黄明验　　余正权　　罗家斌

　　　　　花　健　　刘东升　　陆海青　　李战斌　　梁保迪

　　　　　陈　伟　　黎宏才　　谢　政　　赵庭政

机械工业出版社

本书在编写过程中坚决贯彻党的二十大精神，以学生的全面发展为培养目标，融"知识目标、能力目标、素养目标"于一体，严格落实立德树人根本任务。

本书系统介绍了中式烹饪基础工作各个环节的烹饪工艺程序，内容包括中式烹调概述、烹调刀工基础、鲜活原料的初加工、原料剔骨分档出肉技术、干货原料的涨发、配菜技术、勺工技术、火候的掌握与运用、菜肴的盛装与美化。

本书既适合作为高职院校烹饪工艺与营养专业和中等职业技术学校中餐烹饪专业的教材，也可作为广大厨师及烹饪爱好者的学习参考书。

本书配有电子课件等教师用配套教学资源，凡使用本书的教师均可登录机械工业出版社教育服务网 www.cmpedu.com 下载。咨询可致电：010-88379375，服务 QQ：945379158。

图书在版编目（CIP）数据

中式烹调工艺：烹饪基础技能 / 林梅，文歧福，孙迁清主编 . —北京：机械工业出版社，2023.12（2025.2 重印）

职业教育旅游与餐饮类专业系列教材

ISBN 978-7-111-74159-6

Ⅰ . ①中… Ⅱ . ①林… ②文… ③孙… Ⅲ . ①中式菜肴—烹饪—职业教育—教材 Ⅳ . ① TS972.117

中国国家版本馆 CIP 数据核字（2023）第 207418 号

机械工业出版社（北京市百万庄大街 22 号 邮政编码 100037）
策划编辑：孔文梅　　　　　　　　　　责任编辑：孔文梅　张美杰
责任校对：张晓蓉　薄萌钰　韩雪清　　封面设计：马精明
责任印制：李 昂
北京捷迅佳彩印刷有限公司印刷
2025 年 2 月第 1 版第 4 次印刷
184mm×260mm · 11.5 印张 · 232 千字
标准书号：ISBN 978-7-111-74159-6
定价：49.00 元

电话服务　　　　　　　　　　网络服务
客服电话：010-88361066　　　机 工 官 网：www.cmpbook.com
　　　　　010-88379833　　　机 工 官 博：weibo.com/cmp1952
　　　　　010-68326294　　　金 书 网：www.golden-book.com
封底无防伪标均为盗版　　机工教育服务网：www.cmpedu.com

前言 PREFACE

随着现代餐饮业的蓬勃发展，酒店厨房的生产岗位技术要求有了新变化，烧卤与冷菜制作、热菜烹制、面点制作和菜品开发与创新已成为酒店厨房工作人员的四大核心岗位技术。上述岗位技术的熟练应用与创新发展，是烹饪工艺与营养专业人才培养目标的定位依据。

党的二十大报告中提出"传承中华优秀传统文化"。中式烹调工艺以食材的原味为基础，注重色、香、味、形、器的协调，追求"五味调和"的烹饪理念，强调"食物与天、地、人和谐"的哲学思想。中式烹调工艺不仅是一种烹饪技艺，更是一种文化传承和表达方式，它体现了中国人对食物的热爱和对生活的热情，也是中华优秀传统文化的重要组成部分。

本书在编写过程中坚决贯彻党的二十大精神，以学生的全面发展为培养目标，融"知识目标、能力目标、素养目标"于一体，严格落实立德树人根本任务。本书坚持以人才培养为核心，主要培养学生的专业技能，包括中式烹调概述烹调刀工基础、鲜活原料的初加工、原料剔骨分档出肉技术、干货原料的涨发、配菜技术、勺工技术、火候的掌握与运用、菜肴的盛装与美化等。

我们还配套开发了包括电子课件、习题答案、试卷及答案、教学大纲、教案等在内的数字化教学资源。

本书由广西农业工程职业技术学院林梅、南宁职业技术学院文歧福、南京旅游职业学院孙迁清担任主编；南京旅游职业学院经晶、常州市高级职业技术学校王凯、镇江高等职业技术学校姚佳、广西轻工技师学院周凯、广西玉林技师学院黄文荣担任副主编；广西农业工程职业技术学院黄玉叶、胡杆，广西生态工程职业学院郭景鹏，广西城市职业大学严学迎，南宁职业技术学院邓玮，广西电子高级技工学校曾永南，广西玉林农业学校尧进、覃福和，南宁市第一职业技术学校张井良、梁启辉，广西正久职业学校徐红光，容县职业教育中心卓礼晓，广西工贸高级技工学校黄明验，广西水产畜牧学校余正权、罗家斌，南京商业学校花健，广西商业技师学院刘东升、陆海青，广西工业技师学院李战斌、梁保迪，广西玉林技师学院陈伟，南宁技师学院黎宏才，广西轻工技师学院谢政，广西右江民族商业学校赵庭政担任参编。

本书在编写过程中得到了中国烹饪大师、全国餐饮业国家一级评委、广西烹饪餐饮行业协会常务副会长何逸奎先生和中国烹饪大师、全国餐饮业国家一级评委、广西烹饪餐饮行业协会副会长邝伯才先生的悉心指导；在课程开发与建设过程中，广西饮食文化研究所所长周旺教授，无锡商业职业技术学院旅游烹饪学院谢强院长、陈金标教授给予了大力支持和悉心指导，为本书的编写大纲和模块安排提出了宝贵意见。在此一并表示诚挚的谢意！

本书在编写过程中，借鉴了国内烹调工艺学领域的研究成果，参考了许多专家、学者的论著和来自报纸、杂志、网络的相关资料，在此谨向有关作者致以诚挚的谢意。同时，本书的编写得到了广西农业工程职业技术学院有关领导、老师和学生的支持和帮助，机械工业出版社孔文梅编辑和她的同事们为本书的出版付出了辛勤的劳动，在此一并表示衷心的感谢！

由于编者水平有限，书中难免存在一些错误及不妥之处，我们热忱希望使用本书的专家、学者、师生和广大读者提出宝贵的意见，以便再版时能够进一步完善。

编　者

二维码索引| QR Code Index

（续）

序号	名称	二维码	页码	序号	名称	二维码	页码
23	鲍鱼的涨发		101	33	片类菜肴的组配		120
24	鱼肚的涨发		102	34	米类菜肴的组配		120
25	香菇的涨发		104	35	临灶操作基本要求		131
26	木耳的涨发		104	36	握双耳锅的手势		131
27	花菇的涨发		104	37	小翻锅		133
28	海参的涨发		105	38	大翻锅		134
29	蹄筋的涨发		109	39	助翻锅		135
30	丁类菜肴的组配		120	40	晃锅		136
31	丝类菜肴的组配		120	41	转锅		136
32	条类菜肴的组配		120	42	手勺的使用		137

目录 CONTENTS

9

模块一

中式烹调概述

学习目标

➲ 知识目标

1. 了解烹饪与烹调的概念。
2. 熟悉我国烹饪的起源与发展。
3. 了解我国菜肴的特点。
4. 了解菜系的界定，熟悉我国主要地方菜系及其特点。

➲ 能力目标

1. 掌握烹饪与烹调的联系与区别。
2. 理解烹调技艺的内涵及烹调的作用。
3. 能利用网络收集整理中式烹调的相关知识，解决实际问题。

➲ 素养目标

1. 培养学生的民族自豪感和热爱中国传统饮食文化的情怀。
2. 培养学生尊师重道与刻苦钻研的精神。
3. 培养学生终身学习、善于思考、精益求精和勇于创新的工匠精神。

单元一　烹饪与烹调的认知

一、"烹"与"调"

"烹"就是"烹制",是指运用各种加热手段,使烹饪原料由生变熟的制作过程。它是菜肴制作的关键工序,也是临灶操作的中心环节。"烹制"按照传热介质的不同,可分为水烹法、汽烹法、油烹法、电磁波烹法、固体烹法以及其他烹法等。

"调"就是"调制",是指运用各类调料和各种施调方法,调和滋味、香气、色彩、质地或造型的过程,是决定菜肴风味的关键工序。"调制"主要包括调味、调香、调色、调质、调形等几个方面。

"烹"与"调"在菜肴制作中是密切联系、不可分割的,是一个过程的两个方面,二者相伴而行,即所谓"烹"中有"调","调"中有"烹"。张起钧先生在《烹调原理》一书中,把"烹"分为"正格的烹"(即用火来加热)和"变格的烹"(指一切非用火力制作食品的方式)。"烹"还指一种烹调菜肴的具体方法,即"烹制法"——将加工切配后的原料用调料腌制入味,挂糊或拍干淀粉,用旺火热油炸(或煎、炒)制成熟再加入调味清汁的一种方法。

关于"调",《现代汉语词典》解释为"配合得均匀合适""使配合得均匀合适"。"调"是人们综合运用各种操作技能(其中也包括"烹"的技能)把菜肴制作得精美好吃的过程。

二、"烹饪"与"烹调"

"烹饪"与"烹调"二者既有联系,又有区别。近些年来,人们致力于把"烹饪"这门手工技艺发展成一门独立的学科,于是"烹饪"就成了一门学科、一个行业的名称。

"烹饪"一词最早见于先秦典籍《易经·鼎》,原文为"以木巽火,亨饪也"。"亨"通"烹",作加热解;"饪"亦"食",作制熟释。"烹饪"可理解为运用加热的方法制熟食物。但作为一种文化现象,"烹饪"的定义有不少争论,其中以《中国烹饪辞典》(中国商业出版社出版)的定义比较确切:烹饪是指人类为满足生理需求和心理需求,把食物原料用适当的加工方法和加工程序制作成餐桌食品的生产和消费行为,是人类饮食活动的基础之一。也有学者将"烹饪"定义为:人们依据一定的目的,将烹饪原料加工成菜点等食物的技艺。《现代汉语词典》对"烹饪"的解释就是做饭做菜。对于一个家庭来说,"烹饪"属于家务劳动;对于餐饮企业来说,"烹饪"属于服务性的第三产业,即餐饮业。

知识链接

烹饪与食品工业的关系

烹饪和食品工业密不可分，它们的目标相同，都是为了满足人类的饮食需求。只不过食品工业所涉及的行业门类更多，机械化、现代化的程度更高，而烹饪主要还是以手工劳动为主，单项产品的生产规模很小。至于新兴的快餐业，则处在两者的结合点上。

"烹调"一词，早在宋代就已出现，如陆游的《种菜》："菜把青青问药苗，豉香盐白自烹调。"烹调是人们依据一定的目的，综合运用各种操作技能，遵循一定的工艺流程，通过烹制和调制，将烹饪原料加工成菜肴的专门技艺。我国餐饮业一直将制作菜肴的工种称作红案，制作面点的工种称作白案。红案厨师称为烹调师，白案厨师称为面点师。因此"烹调"仅指烹炒调制菜肴。

烹饪与烹调的联系与区别在于：烹饪包含着烹调，烹调是烹饪的一个重要组成部分；烹饪是将原料加工成为菜点等食物的技艺，烹调仅指制作菜肴的技艺。

知识链接

烹调的三个属性

1. 烹调的社会文化属性

烹调是人类的文化创造。任何民族一旦产生，就需要饮食，从而产生了烹调，在饮和食的基础上衍生出该民族的众多习俗，这些习俗反过来又体现在该民族的烹调文化之中。中式烹调作为一种社会文化现象，是中华民族在烹调方面改造客观世界的物质和精神成果的总和。中式烹调历史悠久，品类丰富，流派众多，是中华民族优秀文化遗产的重要组成部分。

2. 烹调的科学属性

烹调就是用一定的方法使一定的烹调原料产生符合一定要求的变化的过程。这个过程中会发生一系列的物理变化和化学变化。科学地认识烹调的目的在于，以现代科学发展提供的条件和手段去认识烹调过程中的各种现象，建立科学的烹调理论体系，并以此来指导烹调的实践；建立合理的技术体系，使烹调更好地符合自然和人类社会发展的一般规律，更好地为人类社会服务。

3. 烹调的艺术属性

烹调的艺术表现力是有目共睹的事实，但它能否作为一门独立的艺术表现形式，则有待认真研究与探讨。因为，烹调的根本目的是制作食物，艺术的表现形式主要是提高产品的观赏价值，并由此影响人们的进食情绪，增进食欲。通常我们所说的烹调艺术实际上是多种艺术形式与烹调技术的结合，即在食物的烹调过程中吸收相关的艺术形式，将其融入具体的烹调过程之中，使烹调过程与相关的艺术形式融为一体。在烹调过程中，从厨者需要借助雕塑、绘画、铸刻、书法等多种艺术形式（方法），才能实现自己的艺术创作。因此，烹调艺术是烹调的一种属性而不是烹调的全部，它只有在一定的消费要求下才能展现出来。

三、烹调技艺

烹调作为一项传统的手工技艺，由科学理论、操作技能、工艺流程以及相应的物质技术设备所构成。烹调技艺以科学理论为指导，物质技术设备为保证，操作技能及工艺流程为核心。

其中，烹调技艺的操作技能包括鉴别选料、原料的初（粗）加工、精（细）加工（刀工与勺工、剔骨出肉与整料出骨、干货原料的涨发）、初步熟处理、上浆、挂糊、菜肴的组配、风味调配、熟制处理（火候、制汤、勾芡、热菜的烹调方法）、盛装美化、筵席配制等。

四、烹调的作用

在将烹调原料加工成菜肴的过程中，烹和调一般是密不可分、相伴而行的，即所谓的烹中有调，调中有烹。烹调的作用主要如下：

1. 杀菌消毒，保证食用安全

烹调时产生的高温能杀死细菌或寄生虫。经过高温加热，可保证菜肴的食用安全。

2. 分解养料，便于消化吸收

烹调可以使食物中的营养物质得到初步分解，便于人体的消化与吸收。

3. 显色调色，增进菜肴美观

某些原料经加工后，其色彩会发生变化。如虾壳、蟹壳受热由青白变红；绿叶菜、豆荚焯水后，色泽会变得更加翠绿；鱼片经滑油后会变得透明玉白。

4. 去异增香，促进风味形成

烹调过程中，根据原料的不同，分别加入葱、姜、绍酒、白酒、香醋以及其他香料，可起到去除腥膻味，增加香味的作用。

中式菜肴与西式菜肴的主要差异在于：中式菜肴往往由主辅料或数种原料同烹而成。在烹调前，每种原料的滋味独立存在，互不融合，但放在一起烹调后，随着烹制时间的延长，各种原料的滋味相互渗透，就会形成复合的美味。如江浙名菜梅干菜烧肉、腌笃鲜、扁尖老鸭煲等风味就是原料合理搭配经烹调后产生的。

每种调味品都有其特定的味道，用其分别调味，可形成不同的口味。但将不同的调味品合理搭配，就会形成不同的复合味，即通常所说的"五味调和百味香"。

5. 改变质地，达到质感要求

中式菜肴讲究质感。质感是指在口腔内咀嚼而产生的触觉感受，有酥、松、脆、嫩、软、浓、糯、肥等。用不同的烹调方法烹制出的菜肴因火力大小、加热时长及传热介质的不同，质地各异，所形成的质感是千差万别的。每种菜肴都有其特定的质感要求，只有合理烹调，改变原料的质地，才能达到不同菜肴的质感要求。

6. 确定造型，改善外观形态

烹调能改变一些菜肴的花色造型，改善其外观形态。如松鼠鳜鱼、金毛狮子鱼、菊花鱼等象形类菜肴的造型必须经过高油温炸制才能定型，采用混合刀法剞成的麦穗、荔枝、菊花、蓑衣、鱼鳃、梳子等花刀也必须经过高油温、高水温加热才能弯曲收缩成相应的外观形态，否则刀工再精细也难以达到菜品成形的效果。

职业素养小贴士

《中华人民共和国食品安全法》第三十四条规定，禁止生产经营下列食品、食品添加剂、食品相关产品：

（1）用非食品原料生产的食品或者添加食品添加剂以外的化学物质和其他可能危害人体健康物质的食品，或者用回收食品作为原料生产的食品；

（2）致病性微生物，农药残留、兽药残留、生物毒素、重金属等污染物质以及其他危害人体健康的物质含量超过食品安全标准限量的食品、食品添加剂、食品相关产品；

（3）用超过保质期的食品原料、食品添加剂生产的食品、食品添加剂；

（4）超范围、超限量使用食品添加剂的食品；

（5）营养成分不符合食品安全标准的专供婴幼儿和其他特定人群的主辅食品；

（6）腐败变质、油脂酸败、霉变生虫、污秽不洁、混有异物、掺假掺杂或者感官性状异常的食品、食品添加剂；

（7）病死、毒死或者死因不明的禽、畜、兽、水产动物肉类及其制品；

（8）未按规定进行检疫或者检疫不合格的肉类，或者未经检验或者检验不合格的肉类制品；

（9）被包装材料、容器、运输工具等污染的食品、食品添加剂；

（10）标注虚假生产日期、保质期或者超过保质期的食品、食品添加剂；

（11）无标签的预包装食品、食品添加剂；

（12）国家为防病等特殊需要明令禁止生产经营的食品；

（13）其他不符合法律、法规或者食品安全标准的食品、食品添加剂、食品相关产品。

单元二　我国烹饪的起源与发展

一、我国烹饪的起源

人类的饮食文明经历了生食、熟食与烹饪三个发展阶段。

人类社会经历了一段很长的"茹毛饮血"的生食时期，这一阶段称为原始生食阶段。

燧人氏钻木取火，是世界上人工取火最早的传说，人类懂得利用火之后，开始将食物放在火中烧烤，然后再食用，或将石头烧热而后将食物放在石头上焙熟而食，由此进入原始熟食阶段。用火熟食，加热制熟技能的掌握和使用，是人类发展史上的一个里程碑。原始熟食阶段又称中国烹饪的萌芽时期。

在原始熟食阶段的后期，人们尝试着先把食物放入植物枝条编织成的用具中，然后置于火中烧烤。但他们很快发现，往往食物尚未烤熟，盛装食物的植物便早已化成了灰烬，食物自然也落入了熊熊烈火或灰烬之中。之后，他们尝试着用泥巴涂抹在植物编织品表面，或径直将食物包裹在泥巴之中，之后再置于火中烧炙。出乎意料的是：经过高温烧制的泥巴变得坚硬细密，既保护了食物，又可反复使用，这一兴之所至的尝试，本意是求得一顿不再难以下咽、伤及脾胃的佳肴，结果却成了人类发展史上一个伟大的里程碑——陶器诞生了。

陶器发明以后，人们把食物和水放在一起煮食，这与之前的烧烤法、石烹法，乃至竹筒煮食法相比，发生了质的变化，对于人类文明具有推动意义的早期烹饪技术便出现了。

人们自从掌握了对火的运用，使食物由生变熟，便开始了最初的烹调。但是这种烹调，只能尝到食物的本味，没有使用调味品，只能说烹而不调。

盐的使用和发现，是烹饪史中继用火之后的又一次重大突破。盐是烹调的主角，“五味调和百味香”，盐于五味之首，没有盐，山珍海味都要失色。盐的产生对烹调技术的发展和人类的进步有着极为重要的意义。

烹调原料形成于人类用火熟食的同时。中华民族的历史十分悠久，在不同时期，由于生产力和科技水平的不同，人们对烹调原料的认识和利用也不尽相同，加之自然生态的变化和不同朝代体制、礼俗、饮食风尚等的差别，使烹调原料的组成结构也在发生变化。但从总的趋势来讲，可供烹调的原料是随着历史的发展而不断增加的。

综上所述，人类学会了用火，这是熟食的开始；人类发现了盐，这是调味品的发端；人类发明了陶器，使烹调技术的发展有了新的可能；人类在长期的生活、生产过程中，认识了世间各种各样可供烹调的原料，使烹调有了丰富的物质基础。火、盐、陶器、烹调原料的综合运用，标志着完备意义上烹调的开始。

二、我国烹饪的发展阶段

我国烹饪的发展经历了先秦、秦汉魏晋南北朝、隋唐宋元、明清四个阶段。

1. 先秦时期

先秦时期指秦朝建立之前的所有历史时期，即从旧石器时代到公元前 221 年。这是中国烹饪的草创阶段，包括新石器时代、夏商周、春秋战国三个各具特点的发展时期。

新石器时代由于没有文字，其烹饪概况只能靠出土文物、后世史籍和追记及有关神话传说进行推断。此时食物原料多系猎渔所获的野味及水鲜，间有驯化了的禽兽、采集的草果和试种的五谷，不很充裕。烹调方法是火炙、石燔与水煮、汽蒸并重，比较粗犷。

夏商周属于奴隶社会，系中国烹饪发展史上的初潮。此时食物原料有所增加，有了"五谷""五菜""五畜""五果"和"五味"之说。烹调方法已经可以较好地运用烘、烤、烧、煮、煨、蒸等技法。

春秋战国是奴隶社会向封建社会的过渡时期，烹饪成就较为突出。此时食物原料进一步扩大，由于使用牛耕和铁制农具，农产品供应充裕了许多。除家禽野味、蔬果五谷，还有简单的冷饮制品和蜜渍、油炸点心。

2. 秦汉魏晋南北朝时期

秦汉魏晋南北朝时期是指公元前 221 年秦始皇统一六国起，到公元 589 年隋文帝统一南北止。这一时期是我国封建社会的早期，战争不断，使烹饪在急剧的社会变革中演化，广泛采集我国各地区各民族肴馔之精华，展示出新的特质。

在烹饪原料方面，张骞出使西域，开辟丝绸之路，引进了茄子、黄瓜、扁豆、大蒜等原料。水稻跃居粮食作物首位，植物油开始得到利用。猪的饲养和消费超过牛、羊，成为肉食的主要来源。

在烹调技法方面，此时已总结出炙、炮、煎、炒、脯、腊、菹、炸、酱等诸类方法，尤其是油煎方法的广泛运用，对后世影响极大。在此时期厨房出现两次大分工，即先是红、白案分开，后红案再演化出炉、案分工，有利于厨者提高技艺。

3. 隋唐宋元时期

隋唐宋元时期指公元 589 年到公元 1368 年，这时我国处于封建社会的中期，国力强大，经济、文化昌盛，在我国烹饪发展史上也是一个高潮。

在烹饪原料方面，除从西域、印度、南洋引进的蔬菜品种，如菠菜、丝瓜、莴苣、胡椒、胡萝卜等在这一时期得到普遍栽培外，一些食物原料也得到进一步开发，如海产品中的海蜇、海蟹、墨鱼、生蚝之类，内陆的发菜、虫草、象拔蚌、驼峰等也成为脍炙人口的美味。

在餐饮市场上，出现"集四海之珍奇，皆归市易；会寰区之异味，悉在庖厨"的繁盛景象。烹饪工艺菜兴起，菜肴外观广为重视，如镂金龙凤蟹、九钉牙盘食、玲珑牡丹鲊和辋川图小样都显示了当时厨者的精湛技法，后世广为传颂效仿。这一阶段，酒筵更发展到一个崭新阶段，如著名的韦巨源烧尾宴，此宴仅菜点就有 25 道，肴馔超过 200 款。

4. 明清时期

明清时期指公元 1368 年明朝建立到公元 1912 年。这一时期为我国封建社会的晚期，此阶段我国烹饪已进入了成熟期。

在烹饪原料方面，据明人宋诩记载，弘治年间已达 1 300 余种。这一时期较有代表性的成就有大豆制品的发展、蔬菜种植技术的提高、番茄和辣椒的引进以及海味原料的脱水处理。

在烹饪技法方面，已演化有 100 多种，现今我国各大菜系的 1 000 多款历史名菜基本都诞生于明清两代。酒筵在此阶段更是有长足的大发展。各式全席，如全羊席、全鱼席、龙凤席等脱颖而出，满汉全席更是其中之上品。

单元三　中式菜肴的特点

中式烹饪融入了中华民族灿烂的文化和智慧，中式菜肴具有自己独特的个性和鲜明的特点。

1. 原料广泛、选料讲究

我国疆域辽阔，物产丰富。五谷果蔬、家禽家畜、鱼虾海鲜……从天上飞的到地上跑的，从水中游的到土里种的，应有尽有，原料极为广泛。

我国的菜肴在选择原料时力求鲜活肥美。不同的菜肴有不同的选料要求，不同的原料有不同的用途。在选择原料时注重从产地、季节、品种、部位、质地等方面加以区别。螃蟹以阳澄湖、胜芳为佳，火腿以金华、宣威为最，鳊鱼（武昌鱼）以湖北樊口为好。淡水鱼有鲭鱼、鳜鱼、鳊鱼、鲈鱼、鲤鱼、鲫鱼、草鱼、鲢鱼等，不同的品种做不同的菜肴；猪肉有坐臀、夹心、上脑、五花、里脊等不同部位，不同部位有不同的用途；鸡除品种、产地不同外，更有童子鸡、仔鸡、当年鸡、隔年鸡、老鸡之区别，鸡肉的质地老嫩不同，制作的菜肴也不同。

2. 刀工精细、配料巧妙

中式菜肴刀工精细，讲究原料大小、粗细、长短、厚薄一致。根据原料及烹调要求的不同，运用不同的刀法可将原料加工成条、丁、丝、片、方、块、段、球、米、粒、茸、末等各种形状，还常利用各种混合刀法，如剞、削、撬、旋等将原料剞成各种花刀或雕刻成各种花、鸟、鱼、虫等形态。

3. 调味丰富、味型繁多

中式菜肴口味变化多，调味料品种多。由于烹制方法的不同，投放调料的时间、阶段也不同，可谓味型繁多，尤以川菜为著。如咸鲜微辣的家常味型，用烹鱼的葱、姜、蒜、泡椒等调味汁调制的鱼香型，麻辣味重的麻辣味型，酸、甜、麻、辣、咸、鲜、香并重的怪味型，椒麻辛香、味咸而鲜的椒麻味型，醇酸微辣的酸辣味型，香辣咸鲜、回味略甜的糊辣味型，咸鲜辣香的红油味型，咸鲜清香的咸鲜味型，蒜香味浓的蒜泥味型，姜味醇厚的姜汁味型，芝麻酱香、咸鲜醇正的麻酱味型，酱香浓郁的酱香味型，烟熏醇浓的烟香味型，味似荔枝、酸甜适口的荔枝味型，浓香咸鲜的五香味型，醇厚糟香的香糟味型，糖醋甜酸的甜酸味型，纯甜而香的甜香味型，陈皮芳香、麻辣味厚的陈皮味型，芥末冲香的芥末味型等。粤菜更有蚝油、豉汁、鱼露、虾酱、柱侯酱、沙茶酱等味料，使调味更加丰富多彩，菜肴味型繁多。

4. 精于火候、烹法多样

精于运用火候是中式烹饪的重要特点。不同的烹调方法需要不同的火力及加热时间。中式菜肴根据烹调方法的不同，有的需要旺火速成，有的需要微火长时间烹制，有的需要旺火→中（小）火→旺火交替进行，由此形成了滑嫩爽脆、外酥里嫩、酥烂软糯等不同的质地。

中式菜肴烹调方法多样，堪称世界之最，除已归纳整理出的几十种烹调方法外，还有一些地区独特的烹制方法，如广东的"盐焗"，四川的"小炒"，江浙的"泥烤"，山东的"汤爆"等。

5. 注重食疗、讲究盛器

自古以来我国就有"药食同源"的传统，烹饪与医药关系密切，健食益寿的膳补食疗是中式烹饪的一大特色。"药补不如食补"的药膳在中式菜肴中占有重要的地位。历代厨师注重烹饪原料的"四性五味"和平衡调配，强调季节进补，做到药食结合、医膳一致。

"美食不如美器"，讲究盛装器皿是中式菜肴的又一重要特点。中式餐具以陶瓷为主，以其玲珑剔透、质地精良、色彩艳丽、古色古香而著称于世。此外，中式菜肴还讲究不同的原料用不同的器皿盛装，如装鱼用腰盘，炒菜、凉菜用平盘，汤菜用汤碗、汤盅等。不同烹调方法烹制的菜肴，也有不同的器皿要求。

单元四　我国主要的菜系

我国是一个幅员辽阔、人口众多的国家。由于各地风俗习惯、烹调技法的不同，肴馔在风味上差别很大，形成了许多地方的风味流派。这些风味流派过去习惯上称作"帮"，现在一般称其为"菜系"，指具有明显地方特色的肴馔体系。

一、菜系的界定

1. 菜系形成的原因

菜系形成的原因主要有以下五个方面。

（1）地理环境和气候、物产的差异。我国地域辽阔，物产丰富。不同地区因地理环境和气候的差异，形成了不同的物产，而过去人们择食多为就地取材，以土养人。时间一长，便出现了以乡土原料为主体的地方菜肴。地理环境、气候对人们生理及食性的影响，渐渐也形成了各地不同的口味偏好。所谓"一方水土养一方人"，一个地区的人多偏爱一种口味。很显然，物产决定了食性，并影响和促进菜肴风味特色的形成。

（2）宗教信仰和风俗习惯的不同。由于不同宗教的教义不同，信仰宗教的人在饮食方式上也有区别。我国是一个幅员辽阔的多民族国家，不同地区、不同民族的风俗习惯不尽一致，反映在食俗上也各有不同。

（3）历史变迁和政治、经济、文化的影响。我国历史上曾出现过六大古都，这些古都作为政治、经济、文化名城对我国各菜系的孕育都产生过一定的影响。

（4）权威人士和大众喜爱的促成。中式烹饪的发展与历史上的权贵追求享乐、民间礼尚往来、医家研究食经、文人雅士对肴馔的评论宣传有较大的关系，但菜系的形成更重要的在于大众的喜爱程度，否则就是无源之水、无本之木，难以流传至今被社会认可。

（5）地域文化和美学风格的熏陶。中华文化博大精深，菜肴风味流派深受地域文化和美学风格的影响和熏陶。南方肴馔讲究小巧玲珑、可合可分，洋溢着灵秀之气；北国菜点富丽华贵、大盘大碗，充满着豪放之美，这都与当地的文化和美学观念及风格有很大的关系。

2. 菜系的认定标准

菜系既然是具有明显地区特色的肴馔体系，是中式烹饪的风味流派，就必须有一个相对的认定标准。一般来说，凡被认同的菜系都具有以下五个条件。

（1）选料突出特异的地区原料。我国著名的菜系在选用烹饪原料时均以当地特异的土特产为其首选。如浙江菜系擅用梅干菜、扁尖笋；四川菜系离不开花椒、胡椒、辣椒，号称"三椒"；江苏菜系以淡水鱼虾为著；广东菜系则以生猛海鲜为常。

（2）烹调技艺有独到之处。广东厨师宰杀各种蛇类，烹制海鲜是其一绝；江苏厨师以其精湛的刀工和瓜雕享誉；四川厨师用变幻莫测、富有刺激性的口味特色征服食客；山东厨师善于制汤，用汤尤见其功力。

（3）菜品地域特色浓郁鲜明。徽菜的毛豆腐、臭鳜鱼；苏菜的盐水鸭、清炖狮子头；沪菜的大汤黄鱼、腌笃鲜；闽菜的包心鱼丸、佛跳墙；京菜的北京烤鸭、涮羊肉。每一个菜品都代表了该菜系浓郁的风味特色。

（4）菜品数量要达到一定的规模。一个菜系的形成，必然有一个量变到质变的过程，除了具有鲜明的代表性特色传统肴馔外，还要有一大批用本地特有原料、擅长的烹制方法和调味手段以及独特的加工工艺制作出的精美肴馔。

（5）必须经过历史长河的检验。菜系的认定应是历史的、全面的、辩证的。人为认定的所谓新菜系，如果不具备上述条件，只能是短暂的，只有经历过历史长河的考验，被世人认可的菜系才是具有生命力的。

3. 我国主要菜系的划定

我国主要菜系的划定，常有八大菜系和四大风味之说。比较科学、辐射面较广又被人们公认的是以我国从西到东著名的三大河流来划分的"四大风味"，即黄河流域的山东风味，又称鲁菜；长江中上游的四川风味，又称川菜；长江中下游的江苏风味，又称苏菜；珠江流域的广东风味，又称粤菜。"八大菜系"没有一个统一的概念，既指鲁、川、粤、苏、浙、闽、湘、鄂，又指鲁、川、粤、苏、闽、徽、京、沪，也指鲁、川、粤、苏、闽、浙、徽、湘。

二、主要菜系及其特点

1. 山东风味

山东风味，除山东本地外，北京、天津、河北以及东北三省也受其影响，是我国影响较大、流传甚广的菜系之一。

鲁菜其孕育期可追溯到春秋战国时期的齐国和鲁国。当时齐鲁两国经济发达，市场繁荣，促进了菜肴的发展，特别是孔子提倡的"食不厌精、脍不厌细""割不正不食"的饮食观对我国饮食文化的发展有一定的指导意义。南朝时鲁菜发展迅速，经元、明、清的进一步发展被公认为一大流派，成为北方菜的代表。

鲁菜的形成和发展与当地富饶的特产资源有很大的关系。山东地处我国东部，黄河由西向东横贯全境，东临渤海、黄海，海岸线漫长，渔业资源比较丰富，海产品甚多。山东北靠华北平原，西南为鲁西平原，盛产粮食及果蔬。主要特产有：著名的烟台苹果、曲阜香稻、龙口粉丝、胶州大白菜、苍山大蒜、章丘大葱、莱芜生姜、潍县萝卜、大明湖蒲菜、淄博花椒、临沂八宝豆豉、青岛花生油、菏泽麻油、烟台大樱桃、莱阳梨、肥城蜜桃、乐陵小枣、德州西瓜、平度葡萄、沂蒙山楂、泰山毛粟、东平湖甲鱼、泰山赤鳞鱼、黄河鲤鱼等，畜禽蛋奶等产量也很大，这些都为鲁菜提供了丰富的原料来源。

鲁菜主要由济南、济宁、胶东三个地方菜构成。济南菜包含济南、德州、泰安一带的菜肴，以清、鲜、脆、嫩为其特色，十分讲究清汤和奶汤的调制；济宁菜指济宁、曲阜等地的菜肴，历史悠久，尤其是曲阜的孔府菜，号称"天下第一菜"，享有盛名，其特点是用料讲究，刀工精细，注重火候，菜肴清淡鲜嫩，软烂香醇，原汁原味，菜肴命名集政治、经济、文化于一身，如阳关三叠、神仙鸭子、诗礼银杏、金钩挂银条等菜肴的命名；胶东菜起源于福山，包括烟台、青岛等地的菜肴，擅长烹制各种海鲜，突出清淡鲜嫩的本味，讲究菜肴的花色造型，如盐水大虾、姜葱梭子蟹、油爆海螺、扒大虾等代表菜。

山东风味特点：

（1）丰满实惠，质量并举，选料严格，做工精细。山东人豪爽好客，在饮食上有大盘碗、以丰满实惠著称的特点，在讲求量的同时更注重质，选料严格，秉承孔子"食不厌精"的遗风，不仅在一般蔬菜、海陆原料的分档选料、切配加工上有严格的要求，而且在菜肴的原料搭配上都非常精细。山东名菜氽芙蓉黄管、烩乌鱼蛋、八宝布袋鸡都体现了此特点。

（2）以"爆"见长，菜质脆嫩，调味纯正，紧汁抱芡。爆是鲁菜烹制的绝技。鲁菜的爆有两种方法：油爆和爆炒。油爆选用动物性的"脆性"原料，爆炒所用原料以动物性鲜嫩部位为主，加以较高档的配料，均采用兑汁的方法，急火快炒，调味纯正，紧汁抱芡，脆嫩爽口。

（3）咸鲜为本，葱姜调味，清汤提鲜，原汁原味。鲁菜的风味特色以咸鲜为主，不少菜肴都离不开葱，如葱烧海参、葱爆羊肉等。姜也是鲁菜使用较多的调味料，特别是海鲜菜，如姜汁毛蟹、姜汁海螺等。鲁菜在烹制高档菜品，如燕窝、海参时擅用清汤（高汤）提鲜，不用味精。另外，鲁菜注重突出菜肴本身的鲜美滋味，保持菜肴的原汁原味。

2. 四川风味

四川风味除四川、重庆以外，还旁及云南、贵州和湖南、湖北地区。它始于秦汉，源于古时的巴国和蜀国，以历史悠久、取材广泛、味型繁多、影响面大而著称于世。

四川被称为"天府之国"，沃野千里，江河纵横，自然条件优越，得天独厚。入烹之料，多而且广。牛、羊、猪、狗、鸡、鸭、鹅、兔，可谓六畜兴旺；笋、韭、芹、茄、瓜、藕、菠、蕹，堪称四季常青。江团（长吻鮠）、岩鲤（岩原鲤）、雅鱼、鲇鱼，乃淡水鱼中的佳品；银耳、竹荪、魔芋、冬菇、冬笋，为素食珍馐。石耳、地耳、侧耳根（鱼腥草）、马齿苋，也成为做菜的好材料。品质优异的种植物调味品和酿造调味品，如自贡井盐、内江白糖、阆中保宁醋、德阳酱油、郫县豆瓣、汉源花椒、永川豆豉、涪陵榨菜、叙府芽菜、南充冬菜、新繁泡辣椒、忠县腐乳、温江独头蒜、成都二荆条海椒等，为川菜的形成和发展提供了有利条件。此外，与烹饪和筵宴有密切关系的川茶、川酒，其优质品种亦为举世公认，如宜宾的五粮液、泸州的泸州特曲、绵竹的剑南春、成都的全兴大曲、古蔺的郎酒等名酒。

川菜以成都和重庆两地的菜肴为代表，还包括乐山、江津、自贡、合川等地的地方菜。虽地区不同，但菜肴风格大同小异，均以四川特有的地产原料为主。四川菜由筵席菜、大众便餐、家常菜、三蒸九扣菜、风味小吃类肴馔组成了一个完整的风味体系，其口味清鲜醇浓并重，并以善用麻、辣著称。

四川风味特点：

（1）味型繁多，变化精妙，清鲜醇浓，尤其善用麻、辣。川菜最擅长调味并富于变化，味型繁多，常用味型有四川首创的家常、鱼香、怪味、麻辣味型，还有20多种其他味型，众多的味型因菜而异，应浓的浓，应淡的淡，素有"一菜一格、百菜百味"的美誉，对于品尝过川菜的食者，不难接受"味在四川"的说法。

（2）取材广泛，刀工精细。川菜取材广泛，不仅禽畜青蔬品类繁多，土特产也五花八门，"天府之国"得天独厚的物产为川菜原料选择提供了良好的条件。四川名菜品种以肉菜和禽蛋菜所占比例为高，二者相差不大；其次是水产菜，地位较突出。这说明川菜极具乡土风味特色，在用料上，除海味菜外，通常以本地土特产和常见原料为主。这是与四川处于内陆的地理与物产特点密不可分的。同时川菜也注重刀工，讲求造型，在菜品形态上是古朴与精巧并重，刀工精细，新品名肴更具有极强的艺术性。如熊猫戏竹、孔雀开屏、蝴蝶牡丹等工艺菜肴造型非常精美。

（3）烹法特别，讲究火候。川菜烹调方法很多，使用率最高的是蒸法，最能表现川菜用火特色的是小炒、干烧、干煸等。善用火候是川菜的一大特色，也是川菜达到求新、成新目的的最重要的因素。所谓"小炒"，即"不过油，不换锅，临时兑汁，急火短炒，一锅成菜"，成菜散籽亮油，统汁统味，鲜嫩爽滑，主要特点在于一个"快"字，鱼香肉丝、宫保鸡丁、榨菜肉丝、辣子鸡丁等便是其代表。川菜的烧法众多，其中最特殊的一种烧法就是"干烧"。它常用中火慢烧，使具有浓郁鲜香味的汤汁逐渐渗入原料内部，并自然收汁，成菜咸鲜微辣，油亮味浓，其代表菜品有干烧岩鲤、干烧大虾、大千干烧鱼等。"干煸"则将丝、条形状的原料用中火加少许油不断煸炒，使其脱水成熟、干香。这些烹法全靠对火候的精妙掌握。

3. 江苏风味

江苏风味除江苏本地外，还影响到上海、浙江、江西、安徽等长江中下游地区，苏菜在国内外享有盛誉。

江苏自古富庶繁华，人文荟萃，商业发达。苏菜历史悠久，春秋战国时期初具雏形，史料记载那时江苏已有全鱼炙、露鸡、吴羹和讲究刀工的鱼脍。两汉三国和南北朝时期苏菜除荤、素菜肴外，面食亦相当精美。隋唐、两宋时期不少海味菜、糟醉菜成为贡品，有"东南佳味"的美誉。《清异录》一书中记载有扬州缕子脍、建康七妙、苏州玲珑牡丹鲊等，说明当时苏菜工艺已达到相当水准。

江苏素有"鱼米之乡"之称，烹饪资源十分丰富，特别是鱼虾水产品甚多，如长江三鲜、太湖三宝、阳澄湖清水大闸蟹、南京龙池鲫鱼、洪泽湖龙虾等。应时蔬菜也非常丰富，如南京三草（马兰头、枸杞头、菊花脑）、淮安蒲菜、太湖莼菜、宝应藕、板栗、鸡头米（芡实）、茭白、冬笋、荸荠等。名特产品有南京湖熟鸭、南通狼山鸡、扬州鹅、高邮麻鸭、南京香肚、如皋火腿、靖江肉脯、无锡油面筋等。

苏菜由淮扬、京苏、苏锡、徐海等地方菜组成。淮扬菜指淮安到扬州以大运河为主干，南起镇江、北至洪泽、东含里下河及沿海一带的菜肴，其中淮安的鳝鱼席、扬州的"三头"（清炖狮子头、扒烧整猪头、拆烩鲢鱼头）、镇江的"三鱼"、苏州的"苏州三鸡"（常熟叫花鸡、西瓜童子鸡、早红橘酪鸡）以及南京的"金陵三叉"（叉烤鸭、叉烤鳜鱼、叉烤乳猪）等菜肴脍炙人口。京苏菜指以六朝古都南京为中心的菜肴，南京是我国四大古都之一，饮食市场发达，京苏大菜享有盛誉，较为著名的有南京鸭类菜肴，如盐水鸭、金陵叉烤鸭等，炖焖菜肴也很有名气，如"三炖"（炖菜核、炖生敲、炖鸡孚），夫子庙秦淮小吃闻名遐迩。苏锡菜指苏锡常一带的菜肴，擅长烹制河鲜、湖蟹、蔬菜等，菜肴清新爽口，注重造型，白汁、蒸炖技法突出，善用红曲、糟制之法，著名的如松鼠鳜鱼、碧绿虾仁、雪花蟹斗、梁溪脆鳝、脆皮银鱼等。徐海菜以鲜咸为主，五味兼蓄，风格淳朴，注重实惠，如霸王别姬、彭城鱼丸、红烧沙光鱼、油爆鸟花等。

江苏风味特点：

（1）选料严谨，制作精细，注重配色，讲究造型，菜肴四季有别，善制花色菜点。苏菜选料以水鲜为主，选料严格，做工精细，刀法多变，或细切粗斩、先片后丝，或脱骨浑制，或雕镂剔透，都显示了刀艺精湛，近年来，有"刀在扬州"之誉（以南京的拼盘、扬州西瓜灯、苏州的花刀为代表）。菜肴注重配色，讲究造型，风格雅丽，形质兼美，此外，还讲究时令，"过时不食"，四季不断有新品时令肴馔应市。

（2）善烹江鲜家禽。善烹江鲜家禽也是江苏菜的一大特长。鸭，可制成板鸭、咸鸭、出骨母油八宝鸭、烤炖全鸭、香酥鸭、糟鸭、馄饨鸭、黄焖鸭等。特别是著名的三套鸭，鸭腹中又装鸽子，制作精巧，形态丰腴，三味融汇，真不愧为"腹中做文章"的妙品。即使是鸭舌、鸭掌、鸭胗、鸭肝，也可制成多种菜肴。鸡，可以制成西瓜鸡、常熟叫花鸡、圆盅鸡、香酥鸡、清炖鸡孚等不同风味。鳝鱼，可以制成一百多种菜肴而成著名的"长鱼席"，炒软兜、炝虎尾、生炒蝴蝶片、白煨脐门、大烧马鞍桥、炖生蛟等菜式，声名卓著。

（3）烹法多样，重视调汤，保持原汁，风味清鲜。苏菜擅长炖、焖、蒸、烧、炒的烹调方法，此外"金陵三叉"叉烤技法为其所长，调汤为其一绝，如著名的扬州"三吊汤"。苏菜重视火候，讲究刀工，尤其炖焖菜肴讲究原汁原味，注重突出菜肴本身的鲜美滋味，风味清鲜和醇，酥烂脱骨不失其形，滑嫩脆益显其味。

（4）菜式搭配合理，精制特色筵席。苏菜菜式组合层次搭配合理，擅长精制筵席。如船宴，苏锡太湖、金陵秦淮河的船宴各具特色；再如素席，盛于南朝梁武帝，历代相沿不衰，如玄武湖的全鱼席、南京的全鸭席、淮安的"长鱼席"等。

4. 广东风味

广东风味除了广东本地外，受其影响的还有广西、福建、海南、香港、澳门、台湾等地，甚至辐射到东南亚及世界各地。粤菜以其广泛的取料、独特的南国风味、善于博采众长的技法、众多的花式品种、丰富的调味制品而享誉四方，成为我国在世界上影响最大的风味菜肴之一。

粤菜在其形成和发展的过程中，受中原文化影响较大。到了晚清，广州成为我国主要的对外通商口岸，受西餐烹调技艺的影响，粤菜留下了明显的西餐烙印，食俗和菜肴中西合璧的成分都较重，"集技术于南北，贯通于中西，共冶一炉"是粤菜较为真实的写照。

广东地处亚热带，濒临南海，气候温和，雨量充沛，四季常青，物产丰富，家禽、鱼虾、蔬菜、瓜果应有尽有，盛产著名的十大海河鲜，这些烹饪原料为粤菜提供了良好的物质基础。

粤菜由广州、潮州、东江等地的地方菜组成。广州菜包括珠江三角洲的肇庆、韶关、湛江等地的风味菜，是粤菜的重要组成部分。其具有用料广泛，选料精细，配料奇特，善于变化，讲究清、鲜、嫩、爽、滑、香。夏秋力求清淡，冬春偏浓醇。调味品的种类繁多，遍及酸、甜、苦、辣、咸、鲜，使用煎、炸、泡、浸、煸、焗、炒、炖等多种烹饪方法，制成的菜肴有香、酥、肥、浓之美，即所谓"五滋六味"。白切鸡、白灼虾、明炉乳猪、叉烧、南乳扣肉、黄埔炒蛋、白云猪手、蚝油牛肉、炖禾虫、焗禾花雀、砂锅狗肉、油包虾仁、清蒸鲩鱼等，都是饶有地方风味的名菜。

潮州菜以烹调海鲜见长，刀工技术讲究，其煲制的各种靓汤更具特色，口味偏重香、浓、鲜、甜，爱用鱼露、沙茶酱、梅酱、红醋调味品。甜菜较多，如芋泥、马蹄泥、羔烧白果等。烧雁鹅、豆酱鸡、潮州大鱼丸、炊鸳鸯膏蟹、玻璃白菜、护国菜、佛手排骨、沙茶肉片、咸菜肉片等，都是颇具特色的名菜。此外，潮州的小食亦有盛名，如鱼什锦汤、粽球、糯米猪肠等，均受群众喜爱。

东江菜又称客家菜，以惠州菜为代表。其主料突出，朴实大方，下油重，调料比较单一，味偏咸，擅长烹制鸡鸭，如东江盐焗鸡，有独特的乡土风味。东江菜很少用菜蔬，河鲜海产也不多用。名菜有盐焗鸡、八宝窝全鸭、东江春卷、豆腐煲等。

广东风味特点：

（1）选料广博奇杂，调味料品种繁多。由于广东优越的地理环境，特产丰富，使得粤菜在选料上广博奇特异杂，鸟鼠蛇虫均可入馔。飞禽如鹌鹑、乳鸽等；鼠脯"顺德佳品也"，禾虫也是一种菜馔原料；蛇餐更是粤菜特色，以"五蛇"为最佳。粤菜在调味制品方面，也有其鲜明的特点，如传统的蚝油、糖醋、豉汁、果汁、西汁、柱侯酱、煎封汁、白卤水、酸梅酱、沙茶酱、虾酱、咖喱、柠檬汁、鱼露、淮盐等，新派的OK酱、卡夫奇妙沙拉酱、美极鲜、黑椒汁、豉蚝汁、鲜皇汁等。

（2）菜肴以鲜爽嫩滑著称，烧烤卤味为其擅长。古时广东就有虾生、鱼生的食法，突出粤菜求鲜的特点，粤菜讲究现宰现烹，很少用冷冻原料。在烹调时，讲究火候"一沸而就"，如"白灼鲜鱿"，再如"大良炒鲜奶"，采用中慢火将牛奶、蛋清混合炒凝结堆，色泽洁白，既鲜嫩又香滑。烧烤和卤水也是粤菜一绝，如金陵片皮鸭、叉烧、皮片乳猪及白云猪手、卤肚杂等。

（3）烹调技法多样，自成一体。粤菜在烹调技法方面广泛吸收了西餐及我国其他地方风味的精华，加以改进，自成一体。如粤菜的柠檬焗、软煎、干煎、软炒均由西餐改良而成；煲、扒、炝也由其他菜系演变而来，加上粤菜特有的"瓦罉"类滋补炖的菜式、烩类菜肴及"油泡鲜虾仁"的油泡方法等，自成一体，形成了粤菜特有的烹调技法。

单元五 烹饪基础技能学习要点

中餐的制作主要以手工操作，随着现代厨房设备的更新，部分工作可由机器设备完成。掌握烹饪基础技能需要花费很长时间，需要付出艰苦的努力。烹饪基础技能的技术性强，可塑性大，不同层次的学习者在学习烹饪基础技能时会有一些差异，但从整体上看，学习烹饪基础技能需要把握以下几点。

一、认知烹饪基础技能的形成规律，养成良好的学习习惯

任何专业技能的学习从来都不是一件容易、轻松的事情，需要持续地付出。烹饪基础技能的形成过程是大脑意识传输和身体感官训练相结合的过程，不仅要注重基础理论知识的学习，还要进行身体感官的训练，从而使知识与技能完美结合。

1. 认知阶段

在学习烹饪基础技能的初期，学生通过细心聆听烹饪专业教师的语言讲解，观察其示范操作，了解和掌握学习的任务及其要求。同时也做一些初步的实训尝试，主动地了解全部操作的内在联系，最后组成一个整体。这一阶段的学习重点在于了解基础知识，掌握内在联系。

2. 动作连贯阶段

在认知的基础上，将各种操作环节联系在一起，形成一个完整的动作。这一阶段的重点则是将某种刺激与反应形成联系。例如，进行大翻勺训练时，将"推—拉—送—扬"这四个操作环节联系在一起，形成一个完整的大翻勺动作。这个大翻勺动作是烹饪基础技能中的一个操作任务。

3. 熟练阶段

烹饪基础技能的学习进入熟练阶段时，一长串的动作已成为一个有机的整体并固定下来。整个动作相互协调，达到运用自如，无须特殊注意和纠正，不再需要考虑下一步的操作动作。烹饪基础技能的学习需要从领悟动作要点和掌握局部操作技能开始，然后做到动作连贯，最后达到熟练。要完成这一过程，不仅要经过三个学习阶段，而且要在全过程中遵守学习规律，掌握注意事项，确保主客观因素作用的充分发挥，才能获得较好的学习效果。

二、加强专业理论知识学习，用专业理论知识指导实践

专业理论知识的价值在于它能够指导实践。理论指导实践的过程也是理论自身不断得到检验和发展的过程，没有理论指导的实践是盲目的实践。中式烹饪理论是我国历代厨师烹饪实践工作的结晶，只有认真学习这些理论知识，才能更好地进行实践操作。如果连哪个环节叫什么都不知道、相关专业基础知识都不懂，就无法操作，更无法判断、执行、决策。比如制作松鼠鳜鱼菜肴，需要经过宰杀、改花刀、腌制、拍粉、炸制等环节，加工中，如果不知道拍粉的基本定义，不清楚炸制时不同油温的状态变化，就无法烹制出合格的菜肴。因此，必须加强理论知识的学习，只有在专业理论的指导下进行规范的练习，才能掌握标准的烹饪基础技能。

三、保持观察事物的习惯，培养敏锐的观察能力

观察力对于学习能力的提升至关重要，应培养对事物进行科学观察的能力和习惯。观察力并不是与生俱来的，而是需要在烹饪专业学习中培养，在烹饪专业实践中锻炼得到的。

对于烹饪基础技能来说，敏锐的观察力显得非常重要。当烹饪教师或者餐饮企业厨师在进行烹饪操作时，我们要认真地观察其每一个动作，在大脑中进行编码记忆，然后进行模仿操作。但是每个人的观察能力是有差异的，编码记忆能力也有差异，所以最后的结果也会有差异。因此，养成良好的观察习惯，培养敏锐的观察力是学习好烹饪基础技能的重要方法。

四、在练习上多下功夫，具有持之以恒的精神

烹饪基础技能以手工为主要特点，是"手艺活儿"，手上功夫的高低与练习次数有着密切的关系。只是学习烹饪专业理论知识，观看烹饪教师或者餐饮企业厨师的烹饪操作还不够。要想将所学知识转化成自己的烹饪基础技能，还需要在练习上多下功夫，具有持之以恒的精神。无论什么技能的学习都没有捷径，唯有勤奋和努力。要成为大师需要具备"三高"。

1. 技艺高

烹饪不仅是一门技术，更是一门艺术和文化。厨师是一种职业，它具有特殊性、直接性，也是社会要求非常高的职业。中华饮食文化博大精深，烹调技法种类繁多，高超的烹调技艺来源于扎实熟练的功底，只有扎实勤奋，不断雕琢厨艺，才能创造厨绩；只有精益求精，创新求变，才能身怀绝艺。

2. 厨理高

"东方烹饪王国"的称号离不开众多厨师的努力付出。一道好的菜品需要娴熟的烹调技法，但技术娴熟只是一个前提和手段。厨师要懂得物料特性、原料选择及贮运、营养配餐和食材运用、调味料烹调中的化学变化、食品卫生安全等问题，必须要有丰富的理论基础，有了理论的加持，在烹饪技术上才能进一步提高。只有努力学习专业知识，钻研烹饪原料和烹饪原理，修炼自身功力，才能精进烹饪技术和传承立书。

3. 厨德高

德高望重的厨师受人敬仰和爱戴，德艺双馨应是优秀厨师追求的至高境界。厨艺厨德都高的厨师，在厨师界有影响，有威望，受人尊敬。热爱餐饮行业，立足本职，忠于职守；踏实工作，谦虚谨慎，诚信待人；坚持不懈，刻苦钻研，掌握精湛的厨艺；遵守职业道德，不断提高自身文化素养和业务技能，才能成为真正的大师。

模块小结

本模块介绍了"烹"与"调"、"烹饪"与"烹调"的概念，阐明了两者之间的联系与区别；概括了烹调技艺所包含的内容，讲解了烹调的作用；简要介绍了我国烹饪的起源与发展阶段，对中式菜肴的特点做了较为全面的概括。本模块还对我国风味流派形成的原因、认定标准进行了阐述，并扼要介绍了我国主要的四大菜系及其特点。

同步练习

一、名词解释

烹饪　烹调　烹调技艺

二、填空题

1. 烹饪是人类为满足_____和_____，把食物原料用适当的加工方法和加工程序制作成餐桌食品的生产和消费行为，是人类饮食活动的基础之一。

2. 人类的饮食文明经历了_____、_____与_____三个发展阶段。

3. 我国主要菜系的"四大风味"是_____、_____、_____、_____。

三、单项选择题

1. 人类的饮食文明经历了生食、熟食与（　　）三个发展阶段。

　　A．烹法　　　　　　B．烹饪　　　　　　C．烹调　　　　　　D．水煮

2. 烹调技艺由科学理论、操作技能、（　　）和物质技术设备等四个方面构成。

　　A．操作技术　　　B．制作方法　　　C．工艺流程　　　D．视觉检验

3. 自古以来我国就有（　　）的传统，烹饪与医药关系密切，健食益寿的膳补食疗是中式烹饪的一大特色。

　　A．药食同源　　　B．食物资源　　　C．药物资源　　　D．烹饪同源

4. 川菜取材广泛，不仅禽畜青蔬品类繁多，土特产也五花八门，（　　）得天独厚的物产为川菜原料选择提供了良好的条件。

　　A．天地之国　　　B．人文之地　　　C．国府之国　　　D．天府之国

5. （　　）一书中记载有扬州缕子脍、建康七妙、苏州玲珑牡丹鲊等，说明当时苏菜工艺已达到相当水准。

　　A．《清异录》　　　B．《随园食单》　　　C．《清文录》　　　D．《调鼎集》

四、简答题

1. 我国烹饪经历了哪几个发展阶段？

2. 中式菜肴的特点有哪些？

3. 简述我国主要风味流派的"八大菜系"。

4. 烹调的作用主要有哪些？

五、论述题

1. 查阅相关资料，分析烹饪与烹调的关系。

2. 试述我国主要风味流派菜系的特点。

模块二

烹调刀工基础

⊃ 知识目标

1. 理解刀工的意义、作用与基本要求。

2. 了解刀工使用的工具及相关保养知识。

3. 掌握刀工的操作要求和基本操作姿势。

4. 掌握各种刀法的基本操作、注意事项及运用范围。

5. 掌握各种原料的成形规格及切法。

⊃ 能力目标

1. 掌握烹饪原料的性能，并能根据不同性能选择不同的刀法。

2. 能够运用不同的刀法将各种烹饪原料加工成形。

3. 能利用网络收集整理烹调刀工基础的相关知识，解决实际问题。

⊃ 素养目标

1. 具有良好的团队合作精神，发挥团队协作优势。

2. 能够根据实际情况进行自我调整，改善学习方法。

3. 具备较强的创新意识，对刀工进行创新，使传统刀工技艺与时俱进。

4. 具备良好的职业态度和心理素质，立志做有理想、敢担当、能吃苦、肯奋斗的新时代好青年。

单元一　刀工的意义、作用与基本要求

一、刀工的意义

刀工技术作为烹饪工艺的重要组成部分，历来受到厨师的重视。我国厨师从不同食用需求和烹调要求出发，运用了多种刀法，创造出许多精致的刀工技艺，为烹饪积累了宝贵的经验。厨师应明确刀工技术的应用准则，依照不同的材料配备不同的刀具，并学习和灵活运用传统刀法。此外，还要注重创新性，运用新的刀法、新的烹调技术从而提高自身的技能水平。我国传统烹饪仍然依赖于手工，因此，开展刀工技术的研究与创新是非常必要的。通过研究和创新，可以充分发挥刀工技术的重要作用，以刀工的进步推动中式烹饪的发展，为我国的烹饪习俗增添新的元素。

拓展阅读

关于厨刀的重要性，早在我国古代人们已有认知。《屠羊说》中描述道："夫厨刀，庖宰用以切割之利器。刀若不利，其割不正，则鲜不能出、味不能入、镬气不能足。故子曰：'割不正，不食。'"在原始社会，古人就会利用石头、蚌壳、兽骨打制成各种形状的刀，既可用作武器，亦可用于食物的分割处理。随着人类文明的进步，青铜刀、铁刀、钢刀、不锈钢刀，甚至是小众的陶瓷刀都陆续出现在人们的生活中。厨刀的分类和功能也越来越细化，从一把厨刀打天下的时代，发展成为今天专刀专用的组合刀具时代。

二、刀工的作用

1. 便于烹调

经验告诉我们，将大块、整只或质地较硬的原料直接烹制，往往不易掌握烹制的时间和火候；如果将原料加工成形状整齐、大小均匀的块、条或片、丝等，便易于控制烹饪的时间和火候。不同的原料有不同的加工要求，一般要根据原料的质地和烹制要求进行成形。如鸡片和肉片韧性较强，但要求加热时间短，为了保证柔软、鲜嫩的口感，我们在加工时，应以薄、小为主；而鱼片质地松软，韧性较差，入口易碎，我们可以加工得厚一点、大一点，以防止加热时碎烂。整齐的形态可以保证食品在烹制过程中受热均匀，成熟一致。

2. 便于入味

如将整块大料直接烹制，加入的调味品大多停留在原料的表面，不易渗透到内部去，会形成外浓内淡的弊病。如果我们将大料切成小料，整料切成零料，或在整只原料表面剞上刀纹，这样，就可以帮助调味品渗透到原料内部，烹制后的菜肴内外口味一致，香醇可口。

3. 便于食用

整只或大块的原料，如猪前腿、鸡、鸭、鹅、青鱼、草鱼等，不经过刀工处理，直接烹制食用，会给食用者带来诸多不便。如果能先将原料进行分档，然后按制成菜肴的要求进行成形，再烹制成菜肴，就容易取食和咀嚼了。如整只鸡烧汤，就不如鸡块汤取食方便；吃红烧肉总比吃红烧蹄髈来得方便。

4. 美化原料

刀工还对菜肴的形态和外观起着决定性的作用。整齐的形态会使一道或一桌菜肴显得相互协调。尤其是鱿鱼、墨鱼和韧中带脆的动物内脏（如猪腰、猪肚、牛肚、鸡胗、鸭胗），一些质地较软的厚实原料，以及鱼片、土豆片等，运用混合刀法，先剞上美观的花刀纹，然后再切成块形，加热后，便会卷曲成各种形状，使菜肴的形态显得丰富多彩，美不胜收。菜肴的形态既有丝、条、片、段、块、丁、粒、末、茸、泥之分，又有丸、球、饼、花之别。只有掌握了刀工技术，才能使菜肴的形态千变万化，多姿多彩。

三、刀工的基本要求

刀工的基本要求是使刀工后的原料便于烹调和食用。

1. 原料规格整齐，方能受热入味均匀

采集于动植物的烹饪原料，形状、大小不等。鲜活动物经宰杀后将肉按部位取料并分割成块，但不能将整块原料进行烹制，还必须根据菜品的不同要求切成长短、大小、厚薄不一，形状各异的原料以便适合烹调和食用。

原料规格整齐是对同一菜肴而言，不同的菜肴规格要求是不一样的。同一菜肴原料规格整齐，便于在烹制加热时掌握时间长短、火候大小，使原料受热均匀，成熟时间大体一致；便于原料均匀、适度地入味。

2. 做好工具准备和基本技能准备

刀刃锋利无缺口；菜墩平整；厨师握刀稳，运刀准，落刀实在，用力平衡、均匀，才能出料清爽利薄。该断则断，如块与块、条与条、丝与丝、片与片……必须断然分开，如炒腰花，烧墨鱼、鱿鱼或南方的夹沙肉；而北方的炸藕盒、茄盒，就是间隔一刀不断刀，形成两片相连，便于夹馅。

3. 根据原料特质下刀，才有利于烹调效果

下刀前必须对原料的组织结构有所了解，如肉类是有纹路的，若切块、条、片，则必须横断纹络，使肉类易熟、鲜嫩、不塞牙；若切细丝，则视其需要。如里脊肉可竖切，以

免横切过细；奶油白菜菜帮、回锅肉配葱，也可按需要竖切，以免成熟时过烂或成末状，使菜不成形。

4. 合理用料，物尽其用

刀工处理时，必须注意计划用料，量材使用，做到"大料大用，小料小用，落刀成材，综合利用"。

单元二 刀工使用的工具与基本操作知识

一、刀工使用的工具

1. 刀具种类及用途

刀具的种类很多，形状、功能各异，为了适应不同种类原料的加工要求，必须掌握各类刀具的性能和用途。选择相应的刀具，才能保证原料成形后的规格符合要求。

中餐烹调师专用刀具大致有三种：方头刀（四川、广东厨师常用刀）、圆头刀（江浙厨师常用刀）、马头刀（北方厨师常用刀）。目前，使用较多的是方头刀，根据大小和厚薄，方头刀还有如下种类。

（1）扬州厨刀。著名的"扬州三把刀"之一，刀体短宽，近似长方形，刀身上厚下薄、前高后低，刀刃前平薄后略厚而稍有弧度，刀背前窄后宽，刀柄满掌。根据大小可分为一号刀、二号刀、三号刀。特点是：刀柄短、惯性大，一刀多能，前批、中切、后剁，使用方便而又省力，具有良好的性能。

（2）片刀。刀身较宽，呈长方形，刀刃较长，刀体较薄，重量轻。用于加工质地较嫩、形体较小的动植物性原料。适合切、片等刀法。

（3）桑刀。一般为木柄，刀身较窄，呈长方形，刀刃较长，刀体较薄，重量较轻。用于加工质地较为坚硬或带骨的动物性原料。适合切、片等刀法。

（4）文武刀。刀身较宽，呈长方形，刀刃较长，刀体较厚重。用于加工质地较坚硬的或带有硬骨的动物性原料。适合切、片、剁等刀法。

（5）骨刀。刀身较窄，呈长方形，刀刃较短，刀体厚重。用于加工带有硬骨的动物性原料。适合剁、砍等刀法。

（6）批刀。有圆头批刀和方头批刀，重 500～750 克，轻而薄，刀刃锋利。适用于批切不带骨的精细原料，如片切猪、牛、羊、鸡肉等，加工动物性、植物性原料成片、丝、条、丁、粒等形状。

（7）斩刀。重约 1 000 克，刀身重，刀刃厚钝。适用于砍带骨和坚硬的原料，如斩鸡、鸭、排骨等。

（8）整鱼出骨刀。出骨刀呈一字形，多为不锈钢刀，有塑料柄及铁柄两种，刀身长22厘米左右、宽2厘米、厚1毫米，刀身三面有刀刃。其中一面有 1 / 2 长刀刃，靠刀柄处无刀刃的一段刀身可以放食指，作横批腹刺时手指抵刀发力之用。刀身的三面刀刃不宜过分锋利，只要能把鱼肉割开而不易将鱼皮划破即可。

（9）烤鸭刀。也叫小批刀，其形状与方头批刀基本相似，区别在于刀身略窄而短，重量轻，刀刃锋利，现多用不锈钢制成，不易生锈，专用于批烤鸭肉。

（10）烤肉切刀。在烤肉店里当着客人的面切肉的刀。因刀刃较长，故可切大的肉块。

（11）鳗鱼刀。可用于剖、切鳗鱼。

（12）生鱼片切刀。用来剥鱼皮，切薄片，这种刀用于划切。

（13）冷冻切刀。刀刃呈锯齿状，冷冻的鱼、肉不必解冻也可用此刀切开。

（14）奶酪刀。刀刃呈波浪形，切下的奶酪不会粘在刀上，可切得很整齐。

（15）年糕切刀。切年糕时使用。

此外，还有羊肉片刀、牛刀（西餐刀具）、鲑鱼刀、西红柿刀、豌豆刀（小型牛刀）、倒棱刀、葡萄柚刀、栗子刀、柠檬刀、马铃薯刀、切面包刀、婚宴蛋糕切刀、切夹心蛋糕刀等。

2. 刀具的磨制

在磨刀过程中，粗磨刀石和细磨刀石都是必不可少的工具。磨刀时，除了应提前用热水把刀身上的油污洗净外，还应保持正确的姿势，将刀刃紧贴石面且刀背略微翘起，以保证安全。以前推后拉的方法去磨刀，用力要均匀，平推平磨，使刀刃前后受力均匀，刀的两面磨的次数要一致，以保持刀刃平直、锋利。油磨的方法也可以用于磨刀，但是应该避免将刀刃在砂轮上打磨，以免影响钢火，失掉刀的使用价值。另外，在磨刀过程中要定期检查刀具，以确保磨刀质量。因此，磨刀时，应当合理地使用磨刀石，并采取正确的磨刀姿势，以期提升刀具的加工效果。

拓展阅读

　　"磨剪刀嘞，戗菜刀"，曾经走街串巷的吆喝声，伴随几代人走过了一段悠长岁月，但现在磨刀人的吆喝声渐行渐远，传统磨刀石也逐渐退出人们的生活；时代在变，生活方式在变，像这样普通的传统手艺正在逐渐失去存在的舞台，但始终是我们记忆中抹不去的回忆。

3. 刀的保养

刀必须经常保持锋利，才能确保经刀工处理后的原料整齐、均匀、互不粘连。因此，刀的保养尤为重要。

（1）刀工操作时，要仔细谨慎，爱护刀刃。片刀不宜斩砍，切刀不宜砍大骨。运刀时用力以断开为准，合理使用刀刃的部位，落刀如遇到阻力，不应强行操作，应及时清除障碍物，不得硬片或硬切，防止割伤手指或损坏刀刃。

（2）刀工后，必须将刀放在热水内洗净，擦干水，特别是在切咸味、酸味、带有黏液和腥味的原料，如泡菜、咸菜、番茄、莲藕、鱼等之后，黏附在刀面上的无机酸、碱、盐、鞣酸等物质容易使刀变黑或锈蚀。刀用后应洗净擦干，挂插在刀架上，避免损伤刀刃。

4. 砧板的使用与保养

砧板（见图2-1）又称为"菜墩""墩子"等，是对原料进行刀工操作的衬垫工具。菜墩要选用皂角树、银杏树、橄榄树、松树、柳树等木质紧密强韧、弹性较好、耐用、不易起渣的木料。要求墩面完整平坦。

在使用新购进的菜墩时，可以采取浸涂浓盐水或植物油等方法，以促进木质的收缩，从而提高菜墩的结实性和耐用性。在使用中，应关注菜墩的平整度，定时翻

图 2-1　砧板

转墩位和及时刮净墩面，以缓解表面凹凸现象的产生。如发现有凹凸不平，可以通过铁刨子刨去凸起部分或用刀砍平等方式来处理。此外，每次使用完毕后，应将菜墩清洗干净并竖放晾干，防止细菌滋生。

二、基本操作知识

1. 刀工的操作要求

（1）平时注意锻炼身体，要有健康的体格，有耐久的臂力和腕力。

（2）操作时要求注意力高度集中。心、眼、手合一，两手紧密而有节奏地协同动作，安全操作。

（3）必须熟悉和掌握各种刀法。

（4）操作时讲究清洁卫生。

（5）要有正确的操作姿势。

2. 刀工的基本操作姿势

刀工的基本操作姿势，要既便于操作，提高工作效率，又能减轻疲劳，有利于保持健康。操作者应该双脚分开站立，腹部和菜墩之间保持一定的距离。上身略微向前倾斜，眼睛锁定在菜墩上，而且前胸不要弯曲，避免弓背。刀工操作常用右手拿刀，大拇指和食指捏着刀身，其余三指握紧刀柄，而左手则用来控制原料，随刀的起落均匀地向后移动。此外，菜墩的高低应该调整得能够便于操作，同时也有利于减轻劳动强度。

单元三　刀法基本操作知识

刀法就是使用不同的刀具将原料加工成一定形状时采用的各种不同的运刀技法。由于烹饪原料的种类不同，烹调的方法不同，所以有丝、片、丁、块、条、粒等形状的出现，这些形状不可能以一种运刀技法去完成，因此，就产生了各种运刀的刀法。

根据刀与原料和菜墩接触的角度，刀法可分为直刀法、平刀法、斜刀法、锲刀法及其他刀法五类。

一、直刀法

直刀法是刀刃朝下，刀与原料和菜墩平面成垂直角度的一类刀法。按用力的大小和手、腕、臂膀运动的方式，又可分为切、斩、砍、剁等方法。

（一）切

切是由上而下用力的一种直刀法。切时以腕力为主，小臂为辅运刀。此法适用于植物性和动物性无骨原料。操作中根据运刀方向的不同，又分为直切、推切、锯切、滚料切、拉刀切、铡切、翻刀切。

1. 直切

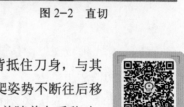

直切（见图2-2）又称为"跳切"，是运刀方向直上直下的切法。

（1）直切的运用范围。

适用于嫩脆的植物性原料，如莴笋、菜头、莲藕、萝卜、圆白菜、茭白等。

（2）直切的要求。

图2-2　直切

1）持刀稳，手腕灵活，运用腕力，稍带动小臂。

2）按稳所切原料。一般是左手自然弓指并用中指指背抵住刀身，与其余手指配合，根据所需原料的规格（长短、厚薄），呈蟹爬姿势不断往后移动。右手持稳切刀，运用腕力，刀身紧贴着左手中指指背，并随着左手移动，以原料规格的标准取间隔距离，一刀一刀跳动直切下去。

直切法

3）两手必须密切配合。从右到左，在每刀距离相等的情况下，有节奏地做匀速运动，不能忽宽忽窄或按住原料不移动，刀口不能偏内斜外，否则会造成断料不整齐、不美观，或者放空刀或切伤手指。

（3）注意事项。

1）先稳，再好，后快。

2）所切的原料不能堆码太高或切得过长。如原料体积过大，应放慢运刀速度。

2. 推切

推切（见图2-3）是运刀方向由刀身的后上方向前下方推进的切法。

（1）推切的运用范围。

适合于切细嫩而有韧性的原料，如肥瘦肉、大头菜、肝、腰等。

（2）推切的要求。

1）持刀稳，靠小臂和手腕用力。从刀前部分推至刀后部分时，刀刃才完全与菜墩吻合，一刀到底，一刀断料。

2）推切时，进刀轻柔有力，下切刚劲，断刀干脆利落，刀前端开片，后端断料。

3）推切时，对一些质嫩的原料，如肝、腰等，下刀宜轻；对一些韧性较强的原料，如大头菜、腌肉、肚等，运刀的速度宜缓。

（3）注意事项。

1）准确估计下刀的角度，刀口下落时要与菜墩吻合好，保证推切断料效果。

2）随时观察效果，纠正偏差。

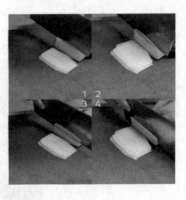

推切法

图 2-3　推切

3. 锯切

锯切又称"推拉切"，是运刀方向前后来回推拉的切法。

（1）锯切的运用范围。

适用于质地坚韧或松软易碎的熟料，如带筋的瘦肉、熟火腿、面包、卤牛肉等。

（2）锯切的要求。

1）下刀要垂直，不能偏里向外。如下刀不直不仅切下来的原料或熟料形状、厚薄、大小不一，而且还会影响以后下刀的部位。

2）下刀宜缓，不能过快。如下刀过快，不仅会影响原料（或熟料）成形，还易切伤手指。

3）锯切时，要把原料按稳，一刀未断料时不能移动，因锯切时刀要前推后拉，如果原料移动，运刀就会失去依托，影响原料成形。

（3）注意事项。

1）能一刀切断原料就不能用锯切而应用推切的方法（原料易碎烂的情况除外）；反之，不能用推切。

2）采用正确的锯切方法，仍不能使原料形状完整，而出现碎、裂、烂的现象，则应增加厚度，以避免碎、裂、烂，保证成形完整。

4. 滚料切

滚料切（见图2-4）又称"滚刀切""滚切"，是指所切原料滚动一次切一次的连续切法。

（1）滚料切的应用范围。

一般适用于质地嫩脆、体积较小的圆柱形植物性原料，如胡萝卜、莴笋、笋、山药等；也适用于一些体积较大的原料，如土豆、芋头、熟牛肉等。

（2）滚料切的要求。

1）左手控制原料的滚动，并按原料成形规格要求确定滚动角度。需大块则原料滚动的角度就大，反之就小。

2）右手下刀的角度、运刀速度必须与原料的滚动密切配合。下刀准确；刀身与原料成斜切面，形成一定的夹角；角度小则原料成形狭长，反之则短阔。

（3）注意事项。

双手动作协调，两眼看准所切的部位，注意形状、大小均匀，随时纠正偏差。

滚料切

图2-4 滚料切

5. 拉刀切

拉刀切（见图2-5）又称"拖刀切"，指刀的着力点在前端，运刀方向由前上方向后下方拖拉的刀法。

（1）拉刀切的应用范围。

适用于体积小、质地细嫩并易断裂的原料，如鸡脯肉、嫩瘦肉等。

（2）拉刀切的要求。

拉刀切时，进刀轻轻向前推切一下，再顺势向后下方一拉到底，以便于原料断纤成形，或先用前端微剁后再向后方拉切，其断料的效果相同。

（3）注意事项。

在切割时，要确保切割面稳定，避免切割时食材滑动或移动，导致切割不准确或发生危险。

6. 铡切

铡切（见图 2-6）是指刀与原料和菜墩垂直，刀的中端或前端部位要压稳原料，然后再用力压切下去的切法。铡切的方法有三种：①交替铡切。右手按住刀背前端，运刀时，刀跟着墩，刀尖则抬起；刀跟抬起，刀尖则着墩。一端上，另一端则下，反复铡切断料。②平压铡切。持刀方法与前一种相同，只是用刀刃平压住原料，运刀时，平压用力铡切下去断料。③击掌铡切。右手握住刀柄，将刀刃前端部位放在原料要切的位置上，然后左手掌用力猛击前端刀背，使刀铡切下去断料。

（1）铡切的应用范围。

适用于带壳、体小圆滑、略带小骨的原料，如花椒、熟蛋、烧鸡、卤鸡、蟹等。

（2）铡切的要求。

1）双手配合用力，用力均匀，恰到好处，以能断料为度。

2）要压住需要的位置，不使原料移动。

3）压切动作宜快，干净利落，一刀切好，以保持原料的整齐。

（3）注意事项。

铡切时着刀要稳，避免原料跳动散失，防止刀刃压不住原料，刀身不能歪斜。

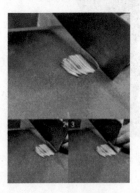 

图 2-5　拉刀切　　　　　图 2-6　铡切

7. 翻刀切

（1）翻刀切的应用范围。

适用于切割肉类、鱼类、蔬菜等食材。

（2）翻刀切的要求。

1）待刀刃刚断开原料时，刀身顺势向外偏倒，刀刃几乎不沾菜墩面。

2）双手配合，用力均匀。

（3）注意事项。

运刀中掌握好翻刀时机，翻刀早了原料不能完全断纤；翻刀迟了则刀口易刮着菜墩，必须在刀刃断纤的一瞬间顺势翻刀，刀刃几乎不沾菜墩面。

（二）斩

斩是指从原料上方垂直向下猛力运刀断开原料的直刀法。

（1）斩的应用范围。

适用于畜肉类、带骨禽类、鱼类原料。

（2）斩的要求。

1）斩以小臂用力，刀提高与前胸平齐。运刀看准位置，落刀敏捷、利落，要一刀两断，保证原料刀口整齐，成形大小均匀。斩的力量以能一刀两断为准，不能复刀，复刀容易产生一些碎肉、碎骨，影响原料形态的整齐美观。

2）左手按稳原料，与刀的落点保持一定的距离，以防伤手。

（3）注意事项。

斩有骨的原料时，肉多骨少的一面在上，骨多肉少的一面在下，使刀触骨时与墩面相切易断料，同时又避免将肉砸烂。

（三）砍

砍又称为"劈"，指持刀用猛力向下断开原料的直刀法。一般较大且坚韧的原料用此法。砍又分直砍、跟刀砍两种。

1. 直砍

直砍（见图2-7）是指将刀对准要砍的部位，运用臂膀之力，垂直向下断开原料的砍法。

（1）直砍的应用范围。

适用于带骨的原料，如猪排骨、龙骨、大鱼头等。

（2）直砍的要求。

1）用手腕之力持刀，高举到与头部齐，用臂膀之力砍料。下刀准，速度快，力量大，一刀砍断为好。如需复刀，必须砍在同一刀口处。

图 2-7 直砍

2）左手按稳原料，应离落刀点远一些，如砍至手不能按稳时，最好将手移开，只用刀对准原料砍断即可。

（3）注意事项。

不能乱砍，防止砍伤和震伤手指与腕背。

2. 跟刀砍

跟刀砍（见图2-8）是指将刀刃先稳嵌进要砍原料

图 2-8 跟刀砍

的部位，刀与原料一齐起落，垂直向下断开原料的砍法。

（1）跟刀砍的应用范围。

适用于带骨的大块原料，如猪头、羊头、大鱼头、蹄髈、排骨等。

（2）跟刀砍的要求。

两手密切配合，左手持好原料，右手握住刀柄，两手同时举起下落，下落时持料的左手即可离开原料。原料与刀举起后必须垂直下落。

（3）注意事项。

一定要将刀嵌稳原料，不能松动脱落，否则易发生砍空等事故。

（四）剁

剁是指刀垂直向下，频率较快地斩碎原料的一种直刀法。为了提高工作效率，通常左右手持刀同时操作，这种剁法也叫排剁（见图2-9）。

（1）剁的应用范围。

适用于去骨后的肉类和一些脆性原料，如猪肉、羊肉、虾肉、葱、姜、蒜等。

（2）剁的要求。

1）一般两手持刀，保持一定的距离。

图 2-9　排剁

2）运用腕力，提刀不宜过高，以刚好断开原料为准。

3）匀速运刀，同时左右上下来回移动，并酌情翻动原料。

（3）注意事项。

1）最好先将原料切成片、条、粒或小块后再剁，这样剁出的原料规格均匀，不粘连。

2）为防止肉粒飞溅，可不时将刀放入清水中浸湿再剁，以免肉粒粘刀。

3）注意用力大小，以能断料为度，避免刀刃嵌入菜墩。

二、平刀法

平刀法是刀面与菜墩面接近平行的一类刀法。按运刀的不同手法，又分为拉刀片、推拉刀片、推刀片、平刀片、抖刀片五种。

1. 拉刀片

拉刀片（见图2-10）又称"拉刀批"，是指将原料平放在菜墩上，刀身与墩面平行，刀向左平行进刀，然后继续向左运刀断料的一种平刀法。

（1）拉刀片的应用范围。

适用于体小、嫩脆或细嫩的动物、植物性原料，如莴笋、萝卜、蘑菇、猪腰、肚、鱼肉等。

（2）拉刀片的要求。

1）持刀稳，刀身始终与原料平行，出刀果断有力，一刀断纤。

2）左手手指平按稳固原料，右手操刀，下刀力度适当。

（3）注意事项。

1）左手食指与中指应分开一些，以便观察原料的厚薄是否符合要求。

2）掌握好每片的厚度，随着刀的片进，左手的手指应稍向上翘起。

拉刀片

图 2-10　拉刀片

2. 推拉刀片

推拉刀片（见图 2-11）又称"推拉刀批""锯片"，是指推刀片与拉刀片混合使用，来回推拉的一种平刀法。

（1）推拉刀片的应用范围。

适用于体大、韧性强、筋较多的原料，如牛肉、猪肉等。

（2）推拉刀片的要求。

基本上与拉刀片相同。只是由于推拉刀片要在原料上一推一拉反复几次，起刀时更要将刀持稳、端平。刀始终与原料平行，随着刀的片进，改左手指为左掌心按稳原料。

推拉刀片应掌握原料的厚薄、形状。原料起片时有两种方法：

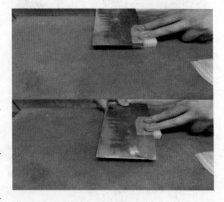

图 2-11　推拉刀片

1）从上起片。原料起片的厚薄便于掌握，但原料成形不易平整，起片时需观察左手食指与中指缝间所片原料的厚度，掌握厚薄。

2）从下起片。原料成形平整，但原料的厚度不易掌握，起片时以菜墩的表面为依托，观察刀刃与墩面之间的距离，掌握厚薄。

（3）注意事项。

操作中一般采用每片末端不断刀，翻转 180 度再片的方法，使原料成形片大，呈折扇形，以便于后面的刀工处理。

3. 推刀片

推刀片（见图2-12）又称"推刀批"，是指将原料平放在菜墩上，刀身与墩面平行，刀刃前端从原料的右下角平行进刀，然后，由右向左将刀刃推入片断原料的平刀法。

（1）推刀片的应用范围。

适用于体小、嫩脆的植物性原料，如莴笋、茭白、冬笋、榨菜等。

（2）推刀片的要求。

1）持刀稳，刀身始终与原料平行，推刀果断有力，一刀断料。

2）左手手指平按在原料上，力度适当，既固定原料又不影响推片时刀的运行。

（3）注意事项。

1）左手按料的食指与中指应分开一些，以便观察原料的厚薄是否符合要求。

2）掌握好每片的厚度，随着刀的推进，左手的手指应稍翘起。

4. 平刀片

平刀片（见图2-13）又称"平刀批"，是指将原料平放在菜墩上，刀身与墩面平行，刀刃中端从原料的右端一刀平片至左端断料的平刀法。

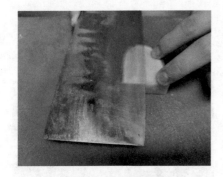

图2-12　推刀片　　　　　　　　　　图2-13　平刀片

（1）平刀片的应用范围。

适用于软性细嫩的原料，如豆腐、猪血、肉冻、鸡血、鸭血等。

（2）平刀片的要求。

1）持平刀身，进刀后要控制好所需原料的厚薄，要一刀平片到底。

2）左手按料的力度恰当，不能影响平片时刀身的运行；右手持刀要稳，平片速度以不使原料碎烂为准。

（3）注意事项。

平片时刀身不能抖动，否则平片的断面不平整。

5. 抖刀片

抖刀片又称"抖刀批"，是指将原料平放在菜墩上，刀身与墩面平行，刀身抖动呈波浪式地片断原料的平刀法。

（1）抖刀片的应用范围。

适用于柔软细嫩的原料，如猪腰、牛腰、蛋糕、肉糕等，主要起美化原料形状的作用。

（2）抖刀片的要求。

抖刀片料要呈规则的波浪花形，其断面尽量不现刀痕。

（3）注意事项。

左手按料的力度要适当，否则可能影响波浪花形的美观。

三、斜刀法

斜刀法是指刀身与墩面呈锐角的一类刀法。按运刀的不同手法，又分为斜刀片和反刀斜片两种。

1. 斜刀片

斜刀片又称"斜刀批"，是指刀刃向左，刀身与墩面呈锐角，运刀方向倾斜向下，一刀断料的片法。

（1）斜刀片的应用范围。

适用于质软、性韧、体薄的原料，如鱼肉、猪腰、鸡脯肉等。

（2）斜刀片的要求。

1）运用腕力，进刀轻推，出刀果断。

2）左手手指轻轻按稳所片的原料，在刀刃片断原料的同时，手指顺势将片下的原料往后带，再片第二片，两手动作有节奏地配合。

（3）注意事项。

片的厚薄、大小及斜度，主要通过控制落刀的部位、刀身的斜度及运刀的动作来掌握。应随时纠正运刀中的误差。

2. 反刀斜片

反刀斜片（见图 2-14）又称"反刀斜批"，是指刀刃向外，刀身与原料、菜墩呈锐角，运刀方向由内向外的片法。

（1）反刀斜片的应用范围。

适用于体薄、韧性强的原料，如玉兰片、腰、熟肚等。

（2）反刀斜片的要求。

1）左手按稳原料，并以左手的指背抵住刀身，

图 2-14 反刀斜片

右手持稳刀身，使刀身紧贴左手指背片进原料。左手每次向后移动的距离应相等，使片下的原料在形状、厚薄上均匀一致。

2）运刀时，手指随运刀的角度变化而抬高或放低；运刀角度的大小，应根据所片原料的厚度和对原料成形的要求而定。

（3）注意事项。

1）能一刀片断料，尽可能一刀片下。

2）刀不宜提得过高，防止伤手。

四、锲刀法

锲刀法是指在加工后的坯料上，以斜刀法、直刀法为基础，进行切、片，形成不断、不穿的规则刀纹的综合运刀方法，亦称"剞刀法""花刀"。

（1）锲刀法的应用范围。

适用于质地脆嫩、韧性强、收缩性大、形大体厚的原料，如腰、肝、肚、肉、胗、鱼类。

（2）锲刀法的要求。

1）不论哪种锲法，都要持刀稳、下刀准，每刀倾斜角度一致，刀距均匀、整齐。

2）运刀的深浅一般为原料厚度的 1/2 或 2/3，少数韧性强的原料可达厚度的 3/4。

3）根据原料成形要求不同，几种锲法应结合运用。

（3）注意事项。

锲刀中注意避免刀纹深浅不一、刀距不等，否则会影响成菜后的形态美观。用力要恰当，以防锲断原料，影响菜肴规格。

在具体操作中，由于运刀方向和角度的不同，锲刀又分为以下几种：

1）直刀锲。直刀锲与直刀切相似，直刀锲只是将原料不切断而已。

2）推刀锲。推刀锲与推刀片相似，推刀锲只是将原料不切断而已。

3）斜刀锲。斜刀锲与斜刀片相似，斜刀锲只是将原料不切断而已。

4）反刀斜锲。反刀斜锲与反刀斜片相似，反刀斜锲只是将原料不切断而已。

五、其他刀法

1. 剔法

剔法是指分解带骨原料，除骨取肉的刀法，适用于畜、禽、鱼类原料。剔时，下刀的刀路要准确。

2. 剖法

剖法是指用刀将整形原料破开的刀法。如鸡、鸭、鱼剖腹时，应根据烹调需要掌握下刀部位及剖口大小，从而准确运刀。

3. 起法

起法是指用刀将原料这一部分与那一部分分离的方法。如将猪肉起下猪皮，就是将刀反片进猪皮与肥膘之间，连推带拉地把肉皮与肥膘分离。

4. 刮法

刮法是指用刀将原料表皮或污垢去掉的加工方法。如刮肚子、刮鱼鳞等。

5. 戳法

戳法是指用刀跟戳刺原料，如鸡腿、猪蹄筋、肉类，且不致断的刀法。戳时要从左至右，从上到下，筋多的多戳，筋少的少戳，并保持原料的形状。戳后使原料松弛、平整，易于入味，易于成熟，成菜质感松嫩。

6. 捶法

捶法是指用刀背将原料砸成泥状的刀法。此法适用于各种肉类原料，捶泥时刀身应与菜墩垂直，刀背与菜墩吻合，有节奏、有顺序地左右移动，均匀捶制。

7. 排法

排法是指用刀背在原料上有顺序地轻捶的刀法。此法适用于鸡肉、猪肉等原料。排时刀背在原料表面有顺序地排击，使其疏松，保证成菜细嫩入味。

8. 剐法

剐法是一种使肉离骨的加工方法，如剐黄鳝。原料加工中，常与剔法结合，对鸡、鸭等进行整料出骨。

9. 削法

削法是指用刀平着去掉原料表面一层皮或加工成一定形状的加工方法。原料加工中，削法用于初加工和一些原料的成形，如削莴笋、萝卜，将胡萝卜削成算盘珠形等。

10. 剜法

剜法是指用刀将原料挖空的加工方法。如挖空西瓜、番茄、苹果、雪梨等，以便制作瓤馅菜肴。剜时要注意原料四周的厚薄均匀，避免穿孔露馅。

11. 旋法

旋法可分为手与刀配合操作和菜墩与刀配合操作两种方法。

（1）手与刀配合操作的方法。右手持稳专用旋刀，左手握稳原料，以原料去适应刀刃，入刀后左手将原料向右旋转，刀与原料相互用力，不停转动，使原料外皮薄而均匀地成旋形片下，这种方法主要用于旋去原料的外皮，如旋苤蓝、苹果、梨子的皮等。

（2）菜墩与刀配合操作的方法。将圆柱形的原料放在菜墩上，左手按稳，右手持稳切刀，放平刀身，紧贴菜墩面，以刀刃去适应原料，从原料贴菜墩面的部位，一边片一边转原料，直至片完，使圆柱形原料成一张薄片。如旋笋、胡萝卜干、黄瓜、丝瓜等。

12. 背刀法

背刀法是指将刀口倾斜，刀刃向左，右手握刀柄，用刀身的一面压着原料，连拖带按的加工方法。其用意是：

（1）观察加工的原料，如鸡泥、肉泥等，看有无筋缠碎骨，便于剔除。

（2）直接将某些原料背细，如背蒜泥、豆豉泥等。

13. 拍法

拍法是指用刀身拍破或拍松原料的方法。其用意是：

（1）拍破某些原料，如生姜、葱等，以便烹调时容易出味。

（2）拍松某些原料，如猪肉、牛肉等，拍松后原料厚薄均匀，烹调时容易入味，口感酥松。

刀法分类见表2-1。

表2-1 刀法分类一览表

直 刀 法	平 刀 法	斜 刀 法	锲 刀 法	其 他 刀 法
1. 切	1. 拉刀片（拉刀批）	1. 斜刀片（斜刀批）	（剞刀法、花刀）	1. 剔法
（1）直切（跳刀）	2. 推拉刀片（推拉刀批）	2. 反刀斜片（反刀斜批）	1. 直刀锲	2. 剖法
（2）推切	批）		2. 推刀锲	3. 起法
（3）锯切（推拉切）	3. 推刀片（推刀批）		3. 斜刀锲	4. 刮法
（4）滚料切（滚刀切、滚切）	4. 平刀片（平刀批）		4. 反刀斜锲	5. 戳法
（5）拉刀切（拖刀切）	5. 抖刀片（抖刀批）			6. 捶法
（6）铡切				7. 排法
1）交替铡切				8. 剐法
2）平压铡切				9. 削法
3）击掌铡切				10. 剁法
（7）翻刀切				11. 旋法
2. 斩				12. 背刀法
3. 砍（劈）				13. 拍法
（1）直砍				
（2）跟刀砍				
4. 剁				

单元四 烹饪原料的特性与刀法的应用

烹饪原料一般有脆、嫩、韧、硬、软、带骨、带壳、松散等特性，根据不同的特性，选择不同的刀法，才能使加工后的原料整齐、均匀，使操作过程省时高效。

1. 脆性原料

常用的脆性原料有青菜、白菜（黄芽菜）、芹菜、藕（见图2-15）、姜、葱、洋葱、胡萝卜、白萝卜、慈姑、茭白、韭菜、黄瓜、芋头、土豆等，适用直切、滚料切、排斩、平刀片、滚料片、反刀片等刀法。

2. 嫩性原料

常用的嫩性原料有豆腐、鸡血、鸭血、猪血、凉粉、粉皮、蛋白糕、蛋黄糕、猪脑等。与之相适应的刀法有直切、排斩、平刀片、抖刀片、斜刀片等。

3. 韧性原料

常用的韧性原料有猪肉、牛肉、羊肉、鸡肉、鱼肉、猪肚（见图2-16）、猪腰、羊肺、猪肝、猪心、牛肚、羊肝、鱿鱼、墨鱼等。与之相适应的刀法是拉刀切、直刀锲、推刀锲、拉刀锲、排斩等。

 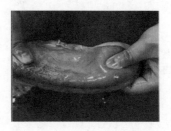

图 2-15 藕　　　　　　　　图 2-16 猪肚

4. 硬性原料

常用的硬性原料有去骨咸鱼、咸肉、火腿、冰冻肉类等。适用的刀法是锯切、直砍、跟刀砍等。

5. 软性原料

常用的软性原料有豆腐干、素鸡、厚百叶、煮熟回软的脆性原料（如熟冬笋、熟胡萝卜、熟慈姑等）以及方腿、红肠、熏圆腿、白煮鸡脯、卤牛肉、熟猪肚、熟牛肚等。与之相适应的刀法有推切、锯切、滚料切、排斩、推刀片、斜刀片等。

6. 带骨、带壳原料

常用的带骨、带壳原料有猪大排、蹄髈、猪肋排（见图2-17）、脚爪、脚圈、猪头、鱼头、火腿、河蟹、毛蟹、海蟹、甲鱼（见图2-18）、熟鸡蛋、熟鸭蛋等。适用的刀法是压切、拍刀切、直砍、跟刀砍。

猪肋骨分档

甲鱼分档

图 2-17 猪肋排　　　　　　图 2-18 甲鱼

7. 松散原料

常用的松散原料有方腿（大块）、面包、烤麸、水面筋、熟土豆、熟山药、熟猪肝、熟羊肚等，适用的刀法有锯切、排斩、拍切等。

单元五　原料的成形

原料经过不同的刀法处理后，便于烹调和食用。成形原料是多种多样的，我们日常采用的有块、片、丝、条、丁、粒、末、泥、球珠等。

一、块

块一般有两种成形方法。

1. 切法

原料的质地较为松软、脆嫩，或者虽然质地较韧，但去骨去皮以后就可以切断的，一般都是采用切的刀法，使其成块。如蔬菜类都可以用直切，已去骨去皮的各种肉类可以用推切或推拉切的方法切成各种块形。

切块一般要先将原料除去皮、瓤、筋、骨，然后改成条形，如原料较小，则不必再分段分块。

2. 砍法或斩法

原料的质地较韧，或者有皮有骨，则可以采用砍或斩的刀法，使其成块。如各种带骨的肉类、鱼类等，可用斩、直砍、跟刀砍等刀法，斩或砍成块形。

砍块时，原料的筋、骨、皮之类根据烹调的需要有时亦可不必剔除，但也要先进行必要的加工。例如，鸡、鸭等就要先去掉嘴壳、粗皮、脚爪尖；猪、牛、羊等也要先加工成为适合砍块的条形后再砍块，如原料较小，则亦可不必再分段砍块。

块的大小，一方面取决于原料所改成的条的宽窄、厚薄，另一方面也取决于不同的刀法。要使块的形状整齐，就要求所改条的宽窄、厚薄一致，使用刀法也要正确。

块的种类很多，我们日常使用的有象眼块（菱形块）、大小方块、长方块（骨牌块）、梳子块、滚料块等。其中，象眼块、大小方块等，可以采用直切、推切、推拉切、直砍等刀法，滚料块、梳子块则采用滚料切的刀法。

各种块形的选择，主要是根据烹调需要以及原料的性质。用于"烧、焖"的块可稍大一些，用于"熘、炒"的块可稍小一些；质地松软、脆嫩的块可稍大一些，质地坚硬且带骨的块可稍小一些。对某些块形较大的原料，应在其背面剞上十字花刀，以便烹制时受热均匀入味。

块的成形规格见表2-2。

菱形块成形

表2-2　块的成形规格

名　称	成　形　规　格
象眼块（菱形块）	长对角线约4cm，短对角线约2.5cm，厚约2cm
长方块（骨牌块）	长约4cm，宽约2.5cm，厚约2cm
滚料块	长约4cm（多面体）
梳子块	长约3.5cm（多面体），背厚0.8cm

二、片

片一般有两种成形方法。

1. 切法

切法适用范围较广，特别是质韧、细嫩的原料。如各种肉类宜用推切和推拉切，蔬菜类宜用直切。

2. 片法

片法适用于一些质地较松软，直切不易切整齐，或者本身形状较为扁薄，无法直切的原料。如形体薄小的鲜鱼、鸡肉等制片。

不论哪种方法切片，都先将原料除去皮、瓢、筋、骨，改成适合切或片刀法的形状后再行切片。

片有不同的形状、大小、厚薄，我们日常采用的有柳叶片、骨牌片、二流骨牌片、牛舌片、菱形片、指甲片、麦穗片、连刀片、灯影片等。各种片的规格要根据烹调需要来确定，如汤、熘菜用的片要薄些，爆、炒用的片则可稍厚；质地松软易碎烂的原料，如豆腐片、鱼片、土豆片需要厚些；质地较坚韧的原料，如牛肉片、猪肉片、羊肉片、笋片等宜稍薄。

片的成形规格见表 2-3。

表 2-3 片的成形规格

名　　称	成　形　规　格
柳叶片	长约 6cm，厚 0.3cm
骨牌片	长约 6cm，宽约 2cm，厚约 0.4cm
二流骨牌片	长约 5cm，宽约 2cm，厚约 0.3cm
牛舌片	长约 10cm，宽约 3cm，厚约 0.1cm
菱形片	长对角线约 5cm，短对角线约 2.5cm，厚约 0.2cm
指甲片	边长约 1.2cm，厚约 0.2cm
麦穗片	长约 10cm，宽约 2cm，厚约 0.2cm
连刀片	长约 10cm，宽约 3cm，厚约 0.3cm
灯影片	长约 8cm，宽约 4cm，厚约 0.1cm

三、丝与条

1. 丝

切丝技术作为一项日常的原料加工工艺，是具有普遍意义的基础技术。将原料加工成片形后，可以通过两种叠切法，即阶梯形叠切和整齐叠切，将片切成丝。其中，阶梯形叠切可以用于大部分原料，而整齐叠切只适用于少数原料，并且要求原料形状、厚薄和大小都比较整齐，以保证手部能够按稳，防止倒塌，达到理想切丝效果。不论是阶梯形叠切还是整齐叠切，都要排叠一致，不能过高；否则，手不易按稳，原料容易倒塌，影响切丝的质量。

还有一种叠切的方法，主要用于某些面积较大、较薄的原料，如海带、大白菜、煎蛋皮等，可先将其卷成筒状，再切成丝。

切丝的粗细与片的厚薄有直接的关系，片厚则丝粗，片薄则丝细。切丝的刀距应与片的厚薄相同，同时刀身一定与原料的切口平行，这样切出的丝才粗细均匀，四棱方现。

丝有头粗丝、二粗丝、细丝、银针丝等，原料切丝的粗细，主要根据烹调的要求与原料的质地来选择。

丝的成形规格见表2-4。

表2-4　丝的成形规格

名　　称	成　形　规　格	
	长	截面（粗）
头粗丝	约10cm	约0.4cm×0.4cm
二粗丝	约10cm	约0.3cm×0.3cm
细丝	约10cm	约0.2cm×0.2cm
银针丝	约10cm	约0.1cm×0.1cm

2. 条

条的形状与丝相似，切法也相近。切条同样需要先将原料加工成片形，再整齐叠切加工成条，亦可制成长条后改短，或改成段后再切成条。

条也有粗细、长短之分，有大一字条、小一字条、筷子条和象牙条。

条的成形规格见表2-5。

表2-5　条的成形规格

名　　称	成　形　规　格	
	长	截面（粗）
大一字条	约6cm	约1.2cm×1.2cm
小一字条	约5cm	约1cm×1cm
筷子条	约4cm	约0.6cm×0.6cm
象牙条	约5cm	约1cm（呈梯形）

四、丁、粒、末

丁是大于粒的小块，丁的成形一般是先将原料切成厚片，将厚片切或斩成条，再将条切或斩成丁。切或斩丁的刀距与片的厚薄相同，丁的大小决定于条的粗细。

粒的形状较丁小些，大的有如黄豆，小的与绿豆、大米相似，粒的成形与丁的成形相同。

末的大小有如小米或油菜籽，一般将原料剁、铡、切细而成，常见的有各种肉、姜、蒜、葱末等。

丁、粒、末的成形规格见表2-6。

表2-6　丁、粒、末的成形规格

名　　称	成　形　规　格	
	截　　面	
大丁	约2cm×2cm	
小丁	约1.2cm×1.2cm	
豆粒状	约0.6cm×0.6cm	形如黄豆
绿豆状	约0.4cm×0.4cm	形如绿豆大小
米粒状	约0.2cm×0.4cm	形如米粒大小
末	约0.1cm×0.1cm	形如油菜籽

五、泥、球珠

1. 泥

烹调常用的泥一般是以鱼、虾、猪、牛、羊、鸡、兔肉为原料，用捶与剁的刀法制成的。其质量要求是将原料捶剁得极细，形成泥状，在剁、捶之前，就将原料的筋、皮等除尽。

2. 球珠

烹调常用球珠有青果形、算盘珠形、圆珠形等，一般用莴笋、胡萝卜、土豆、菜头、冬瓜等蔬菜原料制作。青果形是先将坯料改成长方形，削成青果形即成。算盘珠形是先将坯料改成正方形后再削成算盘珠形，或先用珠圆形刀具剜挖成圆珠状，再切成算盘珠形。圆珠形是用规格不同的专用刀具，在坯料上剜挖制成，其规格可根据菜肴的需要而定。

六、料头（小配料）在菜肴中的作用和使用

料头作为一种烹饪原料，具有清除原料异味，增加成菜香气、滋味，增加锅气，识别菜肴烹调方法和味料搭配等多种用途。常用的料头主要有姜、葱、蒜、芫荽（香菜）、洋葱、各种辣椒、香菇、火腿、陈皮、五柳料等。

这些料头的使用方法在不同的菜系中也会存在差异，比如川菜和粤菜，它们使用料头的方法通常是不同的，不仅需要根据各自的风味进行区分，而且还需要针对菜肴的口感、色泽和观感进行微调。下面以川菜、粤菜为例，讲述料头的切法和使用。

1. 川菜常用料头

川菜常称料头为小配料，主要有葱、蒜苗、姜、蒜、泡辣椒、干辣椒等。

（1）葱、蒜苗。葱段、寸葱、开花葱、马耳朵葱、葱弹子、银丝葱、眉毛葱、鱼眼葱、葱花、马耳朵蒜苗。

（2）姜、蒜。姜丝、蒜丝、姜指甲片、蒜指甲片、姜米、蒜米。

（3）泡辣椒。马耳朵泡辣椒、泡辣椒段、泡辣椒丝、泡辣椒末。

（4）干辣椒。干辣椒段、干辣椒节、干辣椒丝。

2. 粤菜常用料头

粤菜常用料头有姜、蒜、葱、洋葱、芫荽、辣椒、香菇、陈菇、陈皮、火腿、五柳料等。

（1）姜。姜蓉、姜米、姜丝、姜花、姜指甲片、姜片、姜块。

（2）蒜。青蒜：青蒜米、青蒜榄、青蒜段；蒜头：蒜蓉、蒜子（蒜珠）。

（3）葱。葱米、葱花、葱粒、葱丝、葱珠、长葱榄、短葱榄、长葱段、短葱段、长葱（去根的原条葱）。

（4）洋葱。洋葱米、洋葱粒、洋葱丝、洋葱件。

（5）芫荽。芫荽段、芫荽叶（增香和点缀用）、芫荽梗（煮鱼汁用）、芫荽末等。

（6）辣椒。辣椒米、辣椒丝、辣椒粒、辣椒件、辣椒丁等。

（7）香菇。香菇米、香菇粒、香菇丝（包括中丝和幼丝）、香菇件等。

（8）陈菇。陈菇件等。

（9）陈皮。陈皮米、陈皮丝等。

（10）火腿。火腿蓉、火腿丝、火腿条、火腿片、火腿粒、火腿丁等。

（11）五柳料。五柳丝、五柳粒等。

3. 料头的搭配使用

川菜和粤菜主要根据菜肴的味型、烹调方法和与主料形状相配合的原则来搭配使用料头，但在行业上各类菜肴有严格的习惯用法。比如葱，川菜一般选用大葱且根据烹调需要和葱的粗细，将葱分为头粗葱、二粗葱、三粗葱、四粗葱和细粗葱五种，但粤菜一般选用细香葱。

下面以粤菜为例介绍一下料头的使用方法：

能否合理搭配并正确使用料头，是衡量一个厨师烹饪技能高低的指标之一。总的原则是根据菜肴的味型和烹调方法来使用料头。

（1）料头搭配的基本原则。

1）与主料形状相配合。丝配丝、片配片的相似搭配的配菜原则同样适用于料头与主料的配合。原料形状比较大的菜式，例如原只烹制的三鸟，整条烹制的河鲜、海鲜，斩件较厚、带骨的原料，白焯、滚煨的原料，适合搭配使用大料类料头。而加工成丁、丝、粒、片等形状的原料或另跟芡汁的菜式则往往搭配使用小料类料头。

2）与烹制火候相配合。在粤式菜谱中，遵循不同火候配合不同料头的搭配原则可以有效地呈现出风味各异的口感。不同的原料也要搭配不同的料头，对于含结缔组织丰富、老韧的原料，有必要使用块头较大的大料类料头，以便让菜肴尽善尽美；而口感清爽、嫩滑的菜式则通常要求突出原料的原味，应以粒、米、丝、片、花、蓉等小料类料头为主，来突出原料的清香和美味可口。因此，掌握不同火候、原料配合相应料头的搭配原则对于制作口味各异的菜肴非常重要，可以有效地避免大料类料头破坏菜式的香气和格调。

3）料头使用数量上以能除异增香为度。

（2）料头的习惯用法。

粤菜厨房中有一句常用的行内话："打荷睇料头，便知焖、蒸、炒。"意思是说，打荷人员只要看到切配人员送来的原料及料头，便知道该菜的品种及应用的烹调方法。这句话还有另一层意思，即粤菜料头通常有传统的习惯用法，哪一类品种，甚至哪一道菜肴，该配哪些料头，常常都是规定好的。为了掌握地道、传统的粤菜的烹制，必须通晓料头的习惯用法。

1）大料类。

大料：蒜茸、姜片、葱段、料菇片。

菜炒料：蒜茸、姜花（姜片）。

蚝油料：姜片、葱段。

鱼球料：姜花、葱段。

白灼料：姜片、葱段。

红烧料（烧肉）：蒜茸、姜米、陈皮米、料菇片（鳝鱼、甲鱼加蒜子）。

糖醋料：蒜茸、葱段、椒件（八块鸡、马鞍鳝等加日字笋）。

蒸鸡料：姜片、葱段、陈菇件（或料菇件）。

清汤肚料：菜远、煨料姜片、生葱条、瘦火腿片。

2）小料类。

小料：蒜茸、姜米、葱米。

炒丁类：蒜茸、姜米、短葱榄。

炒丝料：蒜茸、姜丝、葱丝、料菇丝。

油浸料：葱丝。

成芡料：葱花、菇粒。

炸鸡料：蒜茸、葱米、姜米。

氽汤料：料菇片、笋花、菜远、火腿片。

汤泡料：葱丝、芫荽（香菜）。

走油田鸡料：姜米、蒜茸、葱段。

咕噜肉料：蒜茸、葱段、椒件、笋片。

生炒排骨料：蒜茸、葱段、椒件。

焗料：料菇片、笋片、生葱条、姜片。

3）油泡料类。

油泡类菜式的料头一般用姜米、葱花。但油泡虾仁一般用姜花、短葱榄。

4）豉汁料类。

豉汁料类一般用蒜茸、姜米、椒米、葱段。如咖喱类菜，则加辣椒米、洋葱粒。

5）五柳料类。

将瓜英、甜什锦菜、红姜、白姜、酸荞头切丝，加上青辣椒丝、红辣椒丝、洋葱丝，便为五柳料。如五柳石斑、五柳鲩鱼等，就使用此料头。

6）炖品料类。

炖品一般指炖鸡、炖鸭、炖乳鸽等，其料头一般用姜片、生葱条、大方粒火腿或大方粒瘦肉。

7）豉椒料类。

一般用葱段、蒜米、辣椒件。

8）焖料类。

如焖鳝鱼、水鱼（甲鱼）、蚝豉、生蚝等，一般用火腿、冬菇、姜米、蒜米、原粒蒜子肉、生葱条；焖大鳝还要加陈皮。

9）牛肉料类。

牛肉料类的料头比较复杂，因此专门设一类。

虾酱牛料：蒜茸、姜丝、葱丝。

咖喱牛料：蒜茸、姜米、洋葱米、辣椒米。

罗汁牛料：蒜茸、姜米（也有用葱丝的）。

滑蛋牛料：葱花（也有用姜米的）。

菜远牛料：姜片。

茄汁牛料：葱榄（葱段斜刀切成）、蒜茸。

蚝油牛料：葱段、姜片。

笋片牛料：葱榄、姜片、草菇。

10）蒸海鲜料类。

蒸海鲜类菜肴使用的料头有很多类别。广东各地的师傅们在蒸海鲜类菜肴的料头使用上，可用"大同小异"四个字来概括。

① 蒸鳊鱼、鳝鱼、石斑、鲈鱼，一般用草菇、火腿片、姜花、生葱条，有的则用香菇丝、肉丝、姜丝、生葱条。

② 蒸龙利鱼、左口鱼、鲫鱼、鳜鱼，一般用肉丝、姜丝、香菇丝、生葱条。

③ 豉油蒸鱼一般用姜片、生葱条，有的用姜米，鱼蒸熟时再加葱丝。

④ 鸡油蒸鱼一般用姜片、生葱条（原汁蒸鱼料与此相同），但属于清蒸鱼料，目前，一般都通用姜花、料菇片、火腿片、生葱条。

11）馅料类。

馅料属于半成品，还要经过烹调才能成为菜肴。馅料中放料头的，如全鸭馅，只放姜米、菇粒、火腿粒，再加百合、莲子、薏米、肉粒等。

在粤菜中，料头一般分为大料、小料、炖料和馅料四种，我们这里分了11种，为的是便于归类，便于掌握。另外，料头的种类和使用也不是一成不变的，各地区的粤菜烹饪中的料头使用也有所异同，宜根据实际情况，在使用料头的传统基础上，加以灵活运用。

七、常用花形原料的切法

1. 十字花形

在厚约0.6cm的原料上，用直刀锲宽约0.5cm的垂直交叉十字花纹，深度为原料的2/3，再顺纹路切成边长约2.5cm的正方形，经烹制卷缩后即成。

2. 钉字花形

在厚度约为1cm的原料上，用直刀锲约0.3cm宽的交叉十字花纹，深度为原料的2/3，再顺纹路切成约1cm宽，3cm长的条，经烹制卷缩后即成。

3. 眉毛花形

在厚度约为1cm的原料上，先顺着用反刀斜锲，其刀距为0.4cm，深度为原料的1/2；再横着用直刀切，三刀一断，深度为原料的2/3，宽约1cm，长约为8cm，如眉毛腰花等。

4. 鸡冠花形

在厚度约为3cm的原料上，用直刀顺锲宽约0.3cm，深约2cm的刀纹，再把原料横过来切成宽约0.3cm的片，或两刀一断的片，烹制后形如鸡冠。

5. 凤尾形

在厚度约为1cm，长度约为10cm的原料上，先顺着用反刀斜锲，锲的刀距约为0.4cm，深度为原料的1/2；再横着用直刀切，三刀一断，成长条形，锲的刀距约为0.3cm，深度为原料的2/3，经烹制卷缩后即成凤尾形，如凤尾肚花、凤尾腰花等。

6. 麦穗形

先在原料表面用斜刀剞一条条平行的刀纹，再转动70°～80°，用直刀剞上一条条与原刀纹相交成一定角度的平行刀纹，刀口深度均为原料的4/5，最后改刀成较窄的长方块。这种刀法处理过的原料一经烹制后，即成麦穗形，如腰花、目鱼卷等。麦穗肚的规格是反刀斜锲宽约0.8cm的交叉十字花纹，再顺纹路切宽约3cm，长约10cm的条；火爆麦穗肚花的规格是反刀斜锲宽约0.5cm的交叉十字花纹，再顺纹路切成宽约2.5cm，长约5cm的条，以上反刀斜锲的深度均为原料的2/3。此花形适用于鱿鱼、墨鱼、猪腰、猪里脊肉等原料。

7. 荔枝形

在厚度约为0.8cm的原料上，用反刀锲宽约0.5cm的交叉十字花纹，其深度为原料的2/3。再顺纹路切成长约5cm，宽约3cm的长方块或菱形，经烹制卷缩后即成荔枝形。此花形适用于青鱼肉、草鱼肉、墨鱼肉、猪里脊肉等原料，如荔枝肚花、荔枝腰块等。

8. 对刀花形

在厚度约为 0.5cm 的原料上，先顺着用直刀锲，其刀距约为 0.3cm，深度为原料的 2/3，再将原料翻面横着用直刀锲，锲的刀距约为 0.3cm，深度为原料的 2/3。最后改成长约 5cm，宽约 2.5cm 的长方块，烹制后即成对刀花形，如对刀肚花、对刀肉花等。

9. 蓑衣花形

在厚度约为 1cm 的原料上，像锲荔枝花刀一样，锲过一遍，再将原料翻过来，用反刀斜锲一遍，其刀纹与正面刀纹呈交叉状，两面刀纹的深度均为原料的 3/5，最后改成约 5cm 见方的块，经烹制后，原料两面通孔，便呈蓑衣形状。此花形适用于猪肚尖、鱿鱼、墨鱼、猪腰、豆腐干等原料。

10. 鱼鳃形

先用直刀剞的刀法，在厚度约为 1.2cm 的原料上剞成一条条平行的直刀纹，剞的刀距为 0.3cm，深度为原料的 1/2；将原料旋转 90°，再用斜刀法片切，三刀一断（注意：刀面与直刀纹垂直），片的刀距约为 0.5cm，深度为原料的 2/3，经烹制卷缩后，即成鱼鳃形。此花形适用于猪肚、猪腰、牛肚、鸡胗、墨鱼、鱿鱼等原料，如鱼鳃腰花、鱼鳃肚花等。

11. 卷筒花形

在厚度约为 0.6cm 的原料上，用直刀锲宽约 0.4cm 的垂直交叉十字花纹，深度为原料的 2/3，再切成宽约 2.5cm，长约 5cm 的长方形，经烹制卷缩后即成。此花形适用于韧中带脆的原料，如鱿鱼、墨鱼、鲍鱼、章鱼等。

12. 菊花形

在厚度约为 2.5cm 的原料上，用直刀锲宽约 0.4cm 的垂直交叉十字花形，深度为原料的 4/5，再切成约 2.5cm 见方的块，经烹制卷缩后即成。此花形适用于质地较厚的原料，如鸡胗、鸭胗、鲍鱼、猪里脊肉、青鱼肉、黑鱼肉等。

13. 牡丹花形

在鱼身的两面均匀用拉刀剞的刀法，从头至尾剞至碰到鱼脊椎骨，再将刀刃沿着脊骨向前推，将骨肉分离，然后将刀刃沿着鱼肉向里推一刀，直刀剞至鱼皮。每间隔 3cm 剞一刀。正反两面的刀纹要对称，加热后鱼肉翻卷，如同牡丹花瓣。此花形适用于大黄鱼、青鱼、草鱼等，可制成糖醋鱼、茄汁鱼等。

花形的种类，在适应烹调要求的前提下，根据不同原料，可灵活地、创造性地予以运用。

切、片、锲是刀工的三大基本刀法，其工艺性高、技术性强、用途广泛，在整个刀工中占主要地位。中式烹调师要逐步摸索并在技巧熟练的基础上，提高刀工的技术水平。

拓展阅读

　　松鼠鳜鱼是一道对刀工要求很高的名菜，厨师凭借精湛的刀工将鱼贴骨切开，再片鱼，直剞、斜刀，刀切至鱼皮又变菱形刀纹，深及皮肉的4/5处，刀刀精准。最终将整条鱼身改刀成蒜瓣状，形如菊花盛开，微微上翘的鱼头和鱼尾，前后呼应。经过油炸肉粒翻开如毛，头昂口张，鱼尾微翘，形如松鼠，极具美感。

　　松鼠鳜鱼是苏帮菜中的传统名菜，其工序细腻、造型别致，展现了传统手艺人精益求精的工匠精神。做好一道松鼠鳜鱼，不仅是苏帮菜技法的传承，更是中国传统饮食文化的传承。

模块小结

　　本模块介绍了刀工的作用和基本要求，刀工工具及基本操作知识，刀法基本操作知识，烹饪原料的特性，以及原料的成形。厨师不但要掌握各种刀具的用法，在操作中注意安全；还要熟悉各种刀法的使用范围和要求，使菜肴造型更美观。

　　刀工是厨师的一项主要技能，是厨师的基本功。不管切什么菜，切菜的原则是一致的，即切削部位要正确，切片厚薄要均匀，切菜速度要快。

同步练习

一、名词解释

刀工技术　　刀法　　平刀法

二、填空题

1.　_____作为烹饪工艺的重要组成部分，历来受到厨师的重视。我国厨师从不同食用需求和烹调要求出发，运用了多种刀法，创造出许多精致的刀工技艺，为烹饪积累了宝贵的经验。

2.　中餐烹调师专用刀具大致有三种：_____、_____、_____。

3.　_____作为一种烹饪原料，具有清除原料异味，增加成菜香气、滋味，增加锅气，识别菜肴烹调方法和味料搭配等多种用途。

4.　烹制不同质地的原料，制作_____的菜式，必须掌握不同的火候，而料头的选择也应与火候相配合。

三、单项选择题

1.（　　）刀身较宽，呈长方形，刀刃较长，刀体较厚重。用于加工质地较坚硬的或带有硬骨的动物性原料。

A．骨刀　　　　　　B．文武刀　　　　　　C．桑刀　　　　　　D．斩刀

2.（　　）是指刀与原料和菜墩垂直，刀的中端或前端部位要压稳原料，然后再用力压切下去的切法。

A．推切　　　　　　B．直切　　　　　　C．拉刀切　　　　　　D．铡切

3.（　　）指以推切为基础，待刀刃刚断开原料时，刀身顺势向外偏倒的一种运刀手法。

A．直切　　　　　　B．翻刀切　　　　　　C．铡切　　　　　　D．推刀切

4．烹调常用的泥一般是以鱼、虾、猪、牛、羊、鸡、兔肉为原料，用捶与（　　）的刀法制成的。

A．拍　　　　　　B．切　　　　　　C．剁　　　　　　D．斩

5.（　　）指用刀背在原料上有顺序地轻捶的刀法，适用于鸡肉、猪肉等原料。

A．排法　　　　　　B．捶法　　　　　　C．切法　　　　　　D．拍法

四、简述题

1．简述刀工的作用。
2．简述刀工的基本要求。
3．简述料头搭配的基本原则。

五、论述题

1．试述麦穗形的成形过程。
2．试述平刀法的基本要求、注意事项及其应用范围。

实训项目

实训任务：切土豆丝、片切生姜丝、批切白干丝。

实训目的：熟练掌握推切、拉刀切、推拉切、跳切的操作方法，掌握滚料切、铡切、斩、砍等刀法。掌握常用原料一般成形种类，加工过程、规格。

实训内容：

1．知识准备

刀工方法简称刀法，就是将烹调原料加工成不同形状的行刀技法，是用刀具切割各种烹饪原料，完成不同形状时的用刀方法。

刀法的种类很多，各地名称叫法不一，有初加工刀法，如砍、劈等；有细加工刀法，如切、片等；有精加工刀法，如剞、雕、刻等。按刀刃与菜墩接触的角度和刀的运动规律大致可分为直刀法、平刀法、斜刀法、锲刀法和其他刀法几大类。刀工决定了原料的形状，决定了料形的变化，在烹调中具有如下作用：

（1）便于成熟。经刀工处理，将较大的原料进行分割，加工成较小的片、丁、丝、条、块等，便于成熟。

（2）便于入味。料形大不易成熟，调味品也不能很快渗入，耗时费力。将原料经刀工处理成各种小的料形，如丁、丝、片、条、块，或在原料表面剞上花纹，既便于加热成熟，也有利于调味品及各种滋味的渗透融合。

（3）便于食用。整只或整块原料不便于食用，必须进行改刀，切成一定的形状，如猪、牛、羊、鸡、鸭、鹅等，必须经过刀工处理，待出骨、分档、斩块、切片等工序后烹调，才便于食用。

（4）丰富菜肴的花色品种。把不同质地、颜色的原料加工成各种形态，可制成不同菜肴。把同一种原料加工成各种形状的成料，如肉丝、肉片、肉条、肉丁、花刀形等，可分别制成不同的菜肴。

（5）美化菜肴的形态。经刀工处理后，原料呈现出各种美妙的形态，整齐、均匀、多姿，使菜肴显得协调美观。如运用各种花刀技法处理成麦穗形、荔枝形、菊花形等，使菜肴形态丰富多彩。

（6）提高菜肴的质感。经刀工处理，如采用切、剞、拍、捶、剁等方法，可使原料中的纤维组织、结缔组织断裂或解体，扩大其表面积，使更多的亲水基显露出来，增加其持水性，烹制时增加其受热面，缩短加热时间，失水较少。这样就能改善菜肴的质感，达到嫩、脆、松、爽的效果。

2. 日常训练

巩固练习之前学习的刀法相关知识，熟练掌握各类刀法的操作方法。

实训要求：

根据表 2-7 ～表 2-9 有针对性地对学生进行达标考核。

1. 切土豆丝

表 2-7　切土豆丝技术要求

项　　目	重　　量	技　术　要　求		
		达 标 规 格	达 标 时 间	达 标 规 范
切土豆丝	400g（去皮）	宽 0.2cm、长 7cm 左右	8 分钟完成 8 分钟以上：不及格 8 分钟以下（含 8 分钟）：及格	1. 熟练运用直切 2. 土豆丝粗细均匀，长短一致，无下脚料

2. 片切生姜丝

表 2-8　片切生姜丝技术要求

项　目	重　量	技 术 要 求		
		达 标 规 格	达 标 时 间	达 标 规 范
片切生姜丝	50g	截面粗 0.05cm	8 分钟完成 8 分钟以上：不及格 8 分钟以下（含 8 分钟）：及格	1. 熟练运用横批、推拉切 2. 丝可穿针，粗细均匀，不发毛

3. 批切白干丝

表 2-9　批切白干丝技术要求

项　目	数　量	技 术 要 求		
		达 标 规 格	达 标 时 间	达 标 规 范
批切白干丝	2 块	每块白干片 22 片 每片厚度约为 0.08cm	20 分钟完成 20 分钟以上：不及格 20 分钟以下（含 20 分钟）：及格	1. 熟练运用批切 2. 厚薄一致，片形完整，无漏洞 3. 分两步操作，先片后切

模块三

鲜活原料的初加工

学习目标

◐ 知识目标

1. 掌握鲜活原料初加工的意义和基本原则。

2. 熟悉新鲜蔬菜、家畜、家禽、水产品以及家禽、家畜内脏及四肢等各种原料的初加工方法。

◐ 能力目标

1. 能对蔬菜、家畜、家禽、水产品等各种原料进行初加工。

2. 能利用网络收集整理原料的初加工相关知识，解决实际问题。

◐ 素养目标

1. 培养良好的职业道德规范与职业意识。

2. 培养团队合作精神与协作意识。

3. 培养吃苦耐劳、精益求精的工匠精神。

4. 传承传统饮食文化，坚定文化自信。

单元一　鲜活原料初加工的意义和原则

　　鲜活原料是指可以用于制作各种菜肴的鲜活产品，包括活的原料和新鲜原料，如活鸡、活鸭、活鸽、活鱼、活虾，猪肉、牛肉、乳猪、光鸡，新采摘的青菜、瓜果，以及速冻肉料和水产品等。鲜活原料的加工工艺对菜肴质量起着重要作用，直接影响菜肴的最终口感。因此，鲜活原料的初加工必须符合卫生要求，便于烹调和食用，增进菜肴美感，以确保菜肴质量。

　　此外，鲜活原料的储存和运输也必须符合国家相关标准，以避免被污染或腐烂变质。大部分鲜活原料都不能直接进行烹饪，进入加工之前，它们都处于毛料形态。可以说，鲜活原料初加工是菜肴制作过程中必不可少的环节，这个环节决定了菜肴最终的质量和口感。

职业素养小贴士

　　高技能厨师需要具备精湛的切割技巧，并对食材有深入的了解。能够根据不同的菜肴需求，将鲜活原料切割成各种形状和大小，使其更易于烹调和食用。同时，还能够根据食材的特性和口感，选择最适合的烹调方法和调味方式，使菜肴口感更加鲜美。

　　高技能厨师还注重鲜活原料的保鲜和储存，知道如何正确地处理和保存各种鲜活原料，以延长其保鲜期，保持其营养成分和口感。他们会使用适当的包装材料以及选择适宜的储存温度，避免食材受到污染和发生变质。

　　在烹调过程中，高技能厨师还注重细节和创新。他们能够根据菜肴的特点和顾客的需求，进行巧妙的搭配和调整，使菜肴更加美味和具有创意。同时，还能够在烹调过程中注意火候和时间的掌控，以确保菜肴的口感和质量。

一、鲜活原料初加工的概念

　　鲜活原料的初加工包括整理、宰杀、洗涤等过程，这些环节的整合可以实现将毛料转化为净料的目的。初加工为菜肴后续加工环节提供了基础性的支撑，必须严格控制原料的清洁度，以保证其质量合格。

二、鲜活原料初加工的意义

　　鲜活原料的初加工，是在切配、烹调之前进行的一项工作，它涉及面较广，内容较多。鲜活原料不经过初加工，就不可以直接切配、烹调、食用。所以原料初加工的好与坏，直接影响着菜肴的色、香、味、形、质。

三、鲜活原料初加工的基本原则

1. 必须符合食品卫生要求

　　大部分的鲜活原料都会带有皮毛、内脏、鳞片、虫卵、泥沙等污秽杂物，有些果蔬会有农药残留，它们进入人体就会危害人们的身体健康，因此，在初加工阶段要清除污秽杂物和残留的农药，使原料符合食品卫生的要求。为符合这个要求，工作人员必须有较强的责任心，认真清理原料；熟悉加工方法，并且要定期参加培训，开展学习交流活动，掌握新的加工方法；保持工作环境的清洁卫生，防止二次污染。餐饮企业要将初加工设备用具备齐，强化用水设施设备的日常管理；建立卫生安全的监督与检查制度，确保食品原料卫生安全。

拓展阅读

2014年7月，东方卫视披露，国际知名快餐连锁店的肉类供应商——上海某食品有限公司存在大量采用过期变质肉类原料的行为。被曝光当日晚间，上海市食药监部门表示，已经连夜行动查封该企业，要求上海所有问题产品全部下架。

食品卫生安全对于人们的身体健康非常重要，作为一名餐饮从业人员，应从自身做起，增强社会责任感，严格遵守食品安全相关法律法规，守好食品安全关。

2. 使原料符合切配、烹调要求

初加工是为切配和烹调服务的。因此，在初加工中要考虑到不同的烹调方法。如杀鸡开膛时应注意这只鸡的用途，如果做"八宝童鸡"则不能开膛，这样是为了整料出骨；如果做鸡块、鸡丁，则可开膛。

3. 尽可能保存原料的营养成分

吸收营养素是人们进食的重要目的，而有些营养素容易在初加工中受损，如水溶性维生素容易在洗涤加工中流失，因此应掌握科学合理的加工方法，减少营养成分的流失。

在初加工时要注意防止原料的营养物质流失。如有的鱼鱼鳞脂肪含量较高，在初加工时只需将鱼鳞表面洗干净，而不要将鱼鳞刮去，否则脂肪损失较大，直接影响菜肴的鲜香味。

拓展阅读

2016年1月5日，习近平总书记在推动长江经济带发展座谈会上指出，要把修复长江生态环境摆在压倒性位置，共抓大保护、不搞大开发。2020年1月1日起，长江流域332个水生生物保护区已实现全面禁捕。2020年12月31日，农业农村部以湖北省武汉市为主会场，以上海、江苏、安徽、江西、河南、湖南、重庆、四川、贵州、云南、陕西、甘肃、青海13个省（市）为分会场举办长江"十年禁渔"启动活动。2021年1月1日起，长江流域"一江两湖七河"等重点流域实行十年禁捕。

长江重点水域"十年禁渔"是以习近平同志为核心的党中央从战略全局高度和长远发展角度做出的重大决策，是落实长江经济带共抓大保护措施、扭转长江生态环境恶化趋势的关键之举。

作为一名餐饮工作者，应增强法律意识，自觉遵守国家关于生态环境保护的法律法规，引导群众主动拒食长江野生江鲜，并拒绝烹饪野生动物。

4．保证菜肴的色、香、味不受影响

原料初加工时应充分考虑到如何保证菜肴的色、香、味不受影响。例如，如果斩好的鸡块带有较多的血污，当鸡块烹熟后肉色就会变黑。又如，把切好的蔬菜放在清水中浸泡或过度洗涤，蔬菜中的维生素会流失。

5．合理利用原料

在对原料进行初加工时，既要保证原料干净可食用，符合烹调要求，又要注意节约，合理利用原料。如笋老根可吊汤，黄鱼鳔留下晒干可用作鱼肚干料，只有合理利用原料，才能做到物尽其用，降低成本，增加收益。为此，在加工中应注意以下几点：

（1）严格按操作规范进行加工，准确下好每一刀。

（2）动手加工前，必须明确质量要求。

（3）注意选择合适的材料，切忌大材小用、精料粗用。例如，制作生鱼片和生鱼球，选材是不同的。前者可选用小一点的生鱼，后者应选用大一点的生鱼。如果倒过来选用，就会既浪费材料，又影响成菜的质量。

（4）注意充分利用副料的使用价值，开发副料的用途。

单元二　新鲜蔬菜原料初加工

蔬菜含有丰富的维生素、纤维素和无机盐，营养丰富，口味多样，既可以成为主料，也可以作为辅料，可以用于制作一般菜肴和高档筵席菜肴，是烹饪中不可或缺的一部分。把蔬菜正确加工，可以使其营养素能更好地被人体吸收。

由于蔬菜的品种很多，可供食用的部位各不相同，烹调方法也不一样，所以，加工也有区别。

一、蔬菜初加工的要求

1．按规格整理加工

要正确加工蔬菜，就需要根据不同原料的食用部位，采取不同的处理方法。如叶菜类必须去掉菜的老根、老叶、黄叶等；根茎类要削去或剥去表皮；果菜类须刮削外皮，挖掉果心；鲜豆类要摘除豆荚上的筋络或剥去豆荚；花菜类需要摘掉外叶，撕去筋络等。

2．洗涤得当，确保卫生

首先，要将蔬菜洗涤干净，要去掉泥土、虫卵、农药等，因此在洗涤时采用的方法要得当。有的原料要掰开来洗，不使污秽物质夹在菜叶中；有的原料要先用清水浸泡一段时间，以去掉残留的农药等。其次，洗涤后的蔬菜必须放置在加罩的清洁架上，以防沾染上

灰尘杂质。最后，蔬菜必须先洗后切，以防止营养素的流失。

3. 加工后应合理放置，妥善保管

蔬菜加工后容易变坏，为避免损失，应注意沥净水分，通风散热，做好保管工作。由于许多蔬菜加工后便直接用于烹制甚至生食，因此要妥善放置，注意卫生，防止二次污染。

二、蔬菜初加工的方法

蔬菜的种类很多，加工方法因料而异，大体有以下五种。

1. 摘除

蔬菜购进后，必须先进行摘除处理，去掉不能食用的部分。如萝卜需去掉根须，青菜要去掉黄叶、老根等。

2. 削剔

瓜果类蔬菜必须进行削剔处理，大多数蔬菜应将皮去掉方可食用，如丝瓜、冬瓜、西葫芦等。当然，有的原料如嫩黄瓜用于点缀搭色时可保留其外皮（见图3-1）。

图3-1 嫩黄瓜及黄瓜盘饰

3. 浸洗

浸就是把蔬菜放在水中浸泡。浸泡能使泥沙杂物松脱，便于洗出；可使残留的农药渗出。洗就是洗涤，浸和洗往往是连在一起的。

蔬菜经过摘除、削剔处理后要进行清洗，要根据具体的原料而采用不同的洗涤方法。

把蔬菜放在清水中清洗是最常用的方法，清水洗又有扬洗（菜胆类要特别注意扬净菜叶中的泥沙）、搓洗、刮洗、漂洗等多种方法。凡是要经过烹调加热的蔬菜原料，大都采用这一方法。冷水洗在使用上也比较简单，只要将经过摘除、削剔处理的原料放入冷水中反复洗涤干净即可。

4. 切改

用刀把蔬菜净料切成需要的形状。

5. 刨磨

用专用的和特种的刨具、磨具把蔬菜刨成丝、片或异片；磨成蓉状，如姜蓉。

三、蔬菜初加工实例

1．叶菜类初加工实例

（1）菜心。

1）菜软。用剪刀剪去黄花及叶的尾端，在顶部顺叶柄斜剪出 1～2 段，每段长约 7cm。菜软用于炒。

2）郊菜。剪法同菜软，但只剪一段，长约 12cm。郊菜用于扒、拌、围边。

3）直剪菜。按菜软剪法，将整棵菜心剪完。直剪菜用于炒和滚汤。

（2）生菜。

1）生菜胆。切去叶尾端，取头部长约12cm的部分。高档菜品用的原料还需要修剪叶片，留下尖形叶柄，形如羽毛球。

2）圆形叶片。将叶片修剪成圆形，洗净用于生吃。

3）大菱形片。剪去叶，取柄部切菱形片，用于炒。

（3）芥菜。

1）芥菜胆。选用矮脚菜，取头部一段，长约 14cm，用于扒、拌、围边。

2）芥菜段。将芥菜横刀切成段，用于炒或滚汤。

（4）白菜。

1）白菜胆。取头部一段，长约 12cm。大棵的切成两半，用于扒、拌、围边、炖等。

2）白菜段。将白菜横切成段，用于炒和滚汤。

3）白菜长段。将白菜叶剥下，再横切成两段，主要用于煲。

（5）莜麦菜。

1）莜麦菜胆。切去叶尾端，取头部一段，长约 12cm。大棵的切成两半，用于扒、拌、围边等。

2）叶片。剥出叶片即可。

（6）绍菜。

1）绍菜胆。剥出叶瓣，撕去叶筋，切成 12cm 的长段，成大橄榄形。心部取 12cm，顺切成 2 半或 4 块，用于扒、拌、垫底等。

2）绍菜段。横切成段，用于炒。根据需要切宽段或窄段。

（7）菠菜。削去根须，原棵洗净。菠菜（见图 3-2）还可榨汁取菠菜汁使用。

（8）蕹菜（通菜、空心菜）。

1）一般原棵使用。长的宜择成段，每段茎必须带叶。

2）蕹菜茎。取粗茎长约 7cm，略拍。

（9）塘蒿、苋菜、芫荽。去根，原棵使用。

图 3-2 菠菜

（10）韭菜、韭黄。切4cm段或短段使用。

（11）枸杞。先洗净，再择叶使用。

（12）豆苗、椰菜（圆白菜、大头菜）。洗净便可。

（13）葱、青蒜。切去根须，剥去老叶。

（14）芹菜（香芹、西芹）。择去叶片，撕去叶筋，取叶柄为食用部分。

2．茎菜类初加工实例

（1）笋（鲜笋、冬笋、笔笋等）。切去头部粗老部分，剥去外壳，取出笋肉，用刀削去外皮，使其圆滑，然后用水滚至熟透。

（2）蒜薹、韭菜花。择去顶花、切去老梗，切成4cm长的段。

（3）茭笋（茭白、菰笋）。剥去外壳，切去苗，刨皮。茭笋可切片或改花，可炒、可蒸。

（4）莴笋。削去外皮，根据菜式需要切改形状，可切片、切丝等，适用于炒、滚汤、凉拌等。

（5）芥蓝头（茎蓝、球茎甘蓝）。撕去外皮，根据菜式需要切改形状，可切片、丝、丁等，适用于炒、焖等。

（6）马铃薯（土豆）。削去外皮，挖出芽眼，洗净后用清水浸泡备用。根据菜式需要切条（见图3-3）、丝（见图3-4）、蓉、菱形件等。可用于炸、焖、焗、炒等。

菠菜初加工　　土豆条成形　　土豆丝成形

图3-3　土豆条　　　　　　　图3-4　土豆丝

（7）芋头。削去外皮，挖净芽眼。根据需要切改成丝、件、条、块，宜焖、蒸、炸、煎等。

（8）藕（见图3-5）。洗去泥，刮去藕衣，削净藕节。

1）煲汤。按节切断，原段使用。

2）焖。拍裂成块。

3）炒、凉拌。切片或丝。

4）藕盒。横切成片。

藕的初加工

图 3-5　藕的加工过程

（9）姜、子姜。刮去皮，主要用作料头。加工形状有蓉、丝、米、片、件、块和姜花等。子姜切薄片腌酸姜或拍裂用于焖。

（10）慈姑。刮去外衣、洗净。

1）焖用。拍裂。

2）炸用。切成薄片，浸于清水中。

（11）荸荠（马蹄）。切去头尾，削净外皮，洗净，浸于清水中。根据菜式需要切改形状，加工形状有原个、丁、片、米、粒、丝等。

（12）蒜头。剥去外皮，主要用作料头，形状有蓉、片、蒜子等。

（13）洋葱。切去头尾，剥去外衣。根据菜式需要，可切改成件、丁、粒、丝、圈等形状。也作料头用。

（14）百合。剥开，洗净便可。

（15）芦笋。削去外层硬皮，按需要切段。

（16）黄豆芽、绿豆芽。一般炒用，修去根须即可。绿豆芽择去头尾即为银针。黄豆芽瓣与茎分别剁碎和切碎，称为松，可蒸可炒。

3．根菜类初加工实例

（1）萝卜、耙齿萝卜、青萝卜。刨去外皮，切去苗。

1）炒用。切片或丝，主要是白萝卜。

2）煲汤、焖、炖。切成斧头块，白萝卜可切厚片。炖用耙齿萝卜切圆形件。

3）腌制。选用白萝卜，切成菱形或叠梳形，主要用于腌制酸萝卜。

（2）胡萝卜（甘笋）。刨去外皮，切去头尾，根据需要切改形状。

（3）山药（山芋、薯蓣、淮山药）。削去外皮、洗净。

（4）粉葛。撕皮切厚件，主要用于煲汤，也可用于焖或扣蒸。

（5）沙葛（豆薯）。撕皮，切去头尾，根据需要切改形状。

（6）番薯。削去皮，洗净，浸于清水内。

（7）菱角。去壳取肉。

4. 果菜类初加工实例

果菜类是指以果实或种子作为食用部分的蔬菜。按部位特点又分为茄果、瓜果、荚果，以下实例按此顺序介绍。

（1）番茄（西红柿）。择去蒂，切块。也可根据需要改作盅形、花形等。

（2）茄子。

1）焖用。切三角块，浸于清水中。

2）酿用。切菱形双飞件（见图3-6）或横切成圆形件。

3）煸用。刨去皮切成条形或带皮原个在表皮剞花纹。

茄子初加工

图3-6 茄子

（3）辣椒（尖椒、圆椒）。去蒂、去子。

1）炒用。切成三角形片。

2）酿用。开边，修成圆形片，尖椒不修。

3）虎皮尖椒。切去蒂部，去子后原个使用。

4）料头用。椒件、椒丝、椒粒、椒米等。

（4）玉米笋（嫩玉米、小玉米、珍珠笋）。根据需要切改形状。

（5）冬瓜。

1）瓜蓉。制蓉，用于烩。

2）瓜粒。去皮瓤，切成方粒，用于滚汤。

3）棋子瓜。取瓜肉，切改成扁圆柱形或梅花形，用于焖或炖。

4）瓜夹。去皮瓤，改图案花形后切双飞件，用于蒸、扣。

5）瓜脯。去皮瓤，切改成8cm×12cm长方块，或改成图案花形，表面可剞出横竖浅槽，用于扒。

6）连皮瓜块。连皮切成块状，用于煲汤。

7）瓜件。去瓤后，将冬瓜修成圆角方形件，边长为18～20cm。

8）瓜盅。取蒂部长约24cm的一截，需直身。在切口处修圆外沿，并将切口改成锯齿形，掏出瓜瓤。用于炖冬瓜盅。

（6）南瓜。

1）焖用。刨皮去瓤，切块状。

2）南瓜盅。切出瓜蒂用作瓜盅盖，掏出瓜瓤。

（7）西瓜。西瓜主要用作水果拼盘。烹调上可制成西瓜盅，做甜菜冰冻西瓜盅，或用作炖盅烹制西瓜炖鸡等。西瓜的红肉去子切粒可做甜菜，亦可做西瓜汁；白肉刨去硬皮便可煲或炒。

（8）笋瓜（北瓜）。刨皮，按需要切成相应的形状，亦可原个使用。

（9）瓠瓜（蒲瓜）。刨皮，切块，主要用于做汤或煮。

（10）丝瓜。刨棱，切去头尾。

1）瓜青。把丝瓜顺切成4条，稍片去瓤，再切成长条，长约12cm，用于扒、拌、围边。

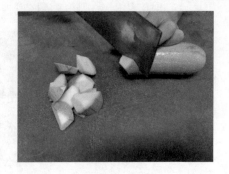

2）丝瓜片。按瓜青方法开条，然后切成菱形块或用斜刀切成片，用于炒。

3）丝瓜粒。按瓜青方法开条，再切成细条，横切成粒作为汤的配料。

4）瓜块（见图3-7）。刨棱后，用滚料切刀法切成三角块，用于滚汤。

图3-7　瓜块

（11）苦瓜（凉瓜）。

1）炒用。切去头尾，开边去瓤，焯后斜刀切片。

2）焖用。按上法，焯后切成菱形块或日字形状。

3）酿用。切去头尾，横切成段，厚约2cm。应选用形瘦长的苦瓜。

4）煎用。切去头尾，开边去瓤，横切成薄的条形片，下盐拌匀。腌制10分钟后搓软，挤出瓜汁。用于凉瓜煎蛋饼，也可用于生炒。

5）煮用。原个凉瓜刨去表皮，刨成薄片，刨至瓜瓤为止。也可去瓤之后切成小条。

（12）青瓜。

1）炒用。切去头尾，开边去瓤，切成片状、丝条形或丁粒形。

2）凉拌。切去头尾，原条拍裂，再切成段。或切去头尾，开边去瓤，再切成瓜条。

3）装饰用。切成瓜梳，让瓜片变曲，浸于水中定型。

4）腌酸瓜。切去头尾，去瓜瓤，瓜皮剞花纹，切菱形块。

（13）白瓜。

1）炒用。与青瓜相同。

2）煲汤。切去头尾，去瓜瓤，切成大菱形块。

3）焖用。与煲汤相同，稍薄一点。

4）滚汤。与炒用切法相同，稍薄一点。

5）腌酸瓜。与青瓜相同。

（14）云南小瓜。切去头尾，顺切成4条，斜刀切片，适用于炒和煮。

（15）节瓜（毛瓜）。刮外皮，按需要加工。

1）煲汤。横切成段。

2）焖、滚汤。横切成段，对切后再切成片。

3）炒丝。斜切成大片，再切成丝。

4）扒。对半切开，成瓜脯。

5）节瓜盅。选大小合适的节瓜，横切一截，成盅形。

（16）佛手瓜。刨去外皮，按需要加工形状，多用于炒、滚汤和扒。

（17）豆角（豇豆）。

1）段。去头尾，切成5cm长的段，适用于炒或凉拌。

2）幼粒。切成幼粒，适用于青豆角炒鸡蛋等。

（18）龙牙豆（四季豆、玉豆）。择去头尾，顺撕豆筋，择成段。

（19）荷兰豆、蜜豆（甜豆）、刀豆。择去头尾，顺撕豆筋。刀豆按需切改成形。

（20）四棱豆（四角豆）。切去头尾。

（21）麦豆（豌豆）。剥开豆荚，取出豆仁，称青豆仁。

（22）柚皮。磨去外层青皮，把柚皮放于清水中稍滚，再浸于清水中，用手挤洗，挤出苦味。

（23）板栗（栗子、风栗、鲜栗）、凤眼果。去壳取出肉，放在沸水中稍滚，脱出果衣。板栗可在壳上切出一个小口，连壳滚水，滚后连壳带衣一起剥去。

（24）鲜莲。剥去外壳，用沸水或食用碱水滚后剥去外衣，捅出莲心。

5. 花菜类初加工实例

（1）西兰花。切成小朵便可。

（2）椰菜花（花椰菜、菜花）。切去托叶，切成小朵便可。

（3）黄花菜（金针菜、萱草）。洗净便可，烹制前应先用沸水烫过。

（4）夜来香（夜香花）。洗净便可。

（5）菊花。选用白菊花，洗净，剪去花蒂，取出花瓣。

6. 食用菌类初加工实例

（1）鲜菇（见图3-8）。削去泥根，在根部切两刀，成十字形，在菇伞上切一刀，深度约为0.5cm。

（2）鲜冬菇、鸡腿菇、金针菇。洗净便可。

（3）茶树菇、鲍鱼菇（平菇）。剪去菇根，洗净。

白菇初加工

图 3-8 鲜菇

单元三 畜类原料初加工

一、畜肉及其副产品整理与清洗

畜类动物从宰杀到内脏的初步整理大多在专门的屠宰加工场进行，烹饪加工只对动物肉类及副产品进行修整和卫生性清洗处理。

畜肉的修整是去除畜肉表面瘀血、污渍、残毛、肉屑等的一种行为。修整完毕后，再用清水或温水冲洗，以使畜肉清爽整洁。

畜类的副产品原料主要包括内脏（肾、胃、肠、肺、心、肝）、脑、舌、尾、蹄等。

二、畜肉分割与剔骨整理的目的和原则

1. 畜肉分割与剔骨整理的目的

畜肉的分割与剔骨是为了使原料更有条理、结构更合理，以符合后续加工的要求，既能够体现原料质量特性，又能扩大原料在烹调加工中的应用范围，有效调整或缩短原料的成熟时间，提高菜肴的质量，便于人们的咀嚼与消化，从而满足不同人群对菜肴的不同需求。

2. 畜肉分割与剔骨整理的原则

畜肉分割过程必须符合食品卫生要求，要按照原料部位和质量等级进行分割归类，以达到所制成菜肴的品质标准。剔骨过程中，必须把所有的硬骨和软骨都剔除掉，尽可能保持肉的完整性，并且在切割的时候要准确，使得骨头上没有或者很少剩余肉块，以免产生碎肉和碎骨渣。

三、猪与牛的取料部位及用途

由于畜肉体积大、分量重，为运输和销售方便起见，一般由屠宰场或销售商进行分割

与剔骨处理，直至成为分割肉应市零售。烹饪行业无论需要那一部位的畜肉，都能在市场中买到，而且可直接用于精加工。这里重点介绍猪、牛经过分割与剔骨后的各部位名称、特点及用途。羊的部位分档和用途大体与猪和牛相同，故从略。

1．猪的取料部位及用途

猪的取料部位及用途见表 3-1。

表 3-1　猪的取料部位及用途

部位与名称		特　点	用　途
前肢部分	颈肉	肉间夹杂脂肪与较多结缔组织，质老	常用作馅料
	上脑	肌纤维较长，结缔组织少，质嫩	适用于熘、炒、氽、涮等
	夹心肉	结缔组织多，肉质紧，吸水量大	适用于制肉糜
	前蹄	皮厚，腱膜组织丰富	适用于炖、焖、煨等方法
	脚圈	皮厚，筋多	可用烧、卤、酱等烹调方法
躯干部分	通脊	俗称"扁担肉"，肌纤维长，色淡，结缔组织与脂肪少，质嫩	适用于炒、熘、炸、煎、氽、涮等烹调方法
	大排	以肉片为主，但是带着排骨	可以烧、焖
	梅条肉	位于腰椎处，呈长条形，色红，肌肉纤维长，脂肪少，质嫩	适用于炒、爆、熘、煎、氽、涮等
	肋排	内层比较薄，肉质比较瘦，口感比较嫩	适用于烧、煮、炸、焖、煨、蒸等烹调方法
	硬肋肉	即"硬五花肉"，肥肉多、瘦肉少，口感较嫩	适用于烧、烤、扒、清炖、粉蒸、红焖等
	软肋肉	即"下五花肉"，瘦肉较多，口感适中	适用于制肉糜、制馅等
	奶脯肉	脂肪与结缔组织多，质量最差	烹饪用途狭窄，适用于炼油
后肢部分	弹子肉	外缘由筋膜包裹，剔除筋膜后，肌肉厚实，质嫩	适用于炒、熘、爆、炸、煎、氽等
	黄瓜条		
	抹档肉		
	臀板肉	长方形，质较嫩	用法同上
	后蹄	较前蹄小	用法同前蹄
副产品	猪头	胶质含量丰富	适用于扒、烧、卤、酱等
	猪尾		
	内脏	组织结构独特，食用价值高	适用于多种烹调方法

2．牛的取料部位及用途

牛的取料部位及用途见表 3-2。

表 3-2 牛的取料部位及用途

部位与名称		特 点	用 途
前肢部分	颈肉	瘦肉多，脂肪少，纤维纹理纵横，质量较差，属三级牛肉	适用于煮、酱、卤、炖、烧等，更适用于制馅
	短脑	位于颈脖上方，肉的层次多，中间有薄膜	用途同颈肉
	上脑	位于脊背的前部，靠近后脑，与短脑相连。其肉质肥嫩，属一级牛肉	宜加工成片、丝、粒等，用于爆、炒、熘、烤、煎等
	前腿	位于短脑、上脑的下部，属三级牛肉，肉质细腻，肥瘦相间。剔除筋膜后可作一级牛肉使用	适用于红烧、煨、煮、卤、酱及制馅等
	胸肉	位于前腿中间，肉质坚实，肥瘦间杂，属二级牛肉	宜加工成块、片等，适用于红烧、滑炒等
躯干部分	肋条	位于胸口肉后上方。肥瘦间杂，结缔组织丰富，属三级牛肉	宜加工成块、条等，适用于红烧、红焖、煨汤、清炖等
	腹脯	在肋条后下方，属三级牛肉，但筋膜多于肋条，韧性大	适用于烧、炖、焖等
	牛外脊（外胥）	位于上脑后、米龙前的条状肉，为一级牛肉。其肉质松而嫩，肌纤维长	宜加工成丝、片、条等，适用于炒、熘、煎、扒、爆等
	里脊	即牛柳，质最嫩，属一级牛肉，也有将其列为特级牛肉的	适用于煎、炸、扒、炒等
	榔头肉	肉质嫩，属一级牛肉	宜加工成丝、片、丁，适用于炒、烹、煎、烤、爆等
后肢部分	底板	即牛板筋，属二级牛肉，若剔除筋膜，取较嫩部位可视为一级牛肉使用	用法与榔头肉相同
	米龙	相当于猪臀尖肉，属二级牛肉。肉质嫩，表面有脂肪	用法与榔头肉相同
	黄瓜肉	与底板和仔盖肉相连，其肉质与底板肉相同	用法与底板肉相同
	仔盖	位于后腿子上面，与黄瓜肉相连，属一级牛肉。其肉质嫩，肌纤维长	宜加工成丁、丝、片、块，适用于煎、炒、熘、炸、烤等
	腱子肉	后腿子肉较嫩，属于二级牛肉	适用于卤、酱、拌、煮，是制作冷菜的好材料
副产品	牛头	皮多、骨多、筋多、肉少、脂肪少，以脸颊肉为最嫩	适用于卤、酱、白煮、制作冷菜等
	牛尾、蹄	结缔组织多，骨多	适用于煨、煮、炖、烩、烧
	内脏	组织结构独特，食用价值高	适用于多种烹调方法

四、家畜内脏原料初加工

1. 家畜内脏的初加工要求

（1）清洗干净。家畜内脏杂质较多，污秽而油腻。如果不清洗干净，根本不能食用，特别是肠、肚，一定要翻过来将里面的污秽、油脂及黏液洗刮干净才能食用。

（2）除去异味。在初加工中还必须将家畜内脏中的腥臊异味洗去、除掉，否则会影响菜肴口味质量。一般采用盐和醋等物质进行搓洗，去掉原料中的黏液及异味，而后用清水冲洗干净。

（3）要剔除影响食品质量的不良部位。如肾脏的髓质有很重的臊味，应将其去掉。

（4）及时清洗，避免污染。家畜内脏必须及时进行清洗加工，因为内脏里残留的污物容易造成污染。如果时间太长，异味很难去除，且使内脏发黑。

（5）注意节约，提高利用率。

2．家畜内脏的整理与清洗

（1）肾脏的整理与清洗。肾脏俗称"腰子"，以猪肾应用较多，外部的皮质是主要食用部位，其内部的髓质（即"腰臊"）有很浓的腥臊味，加工时先撕去外表膜，然后根据烹调菜肴的要求，再进一步加工。如果用于炒、爆、熘等快速加热方法的菜肴（如"爆腰花""氽腰片"等），则可用刀从肾脏侧面平批成两半，再用刀分别批去腰臊。要掌握好刀法，既要去净腰臊，又不能带肉过多，同时还要保证腰肌平整。如用于炖、焖一类的菜肴（如"炖酥腰""拌酥腰"等），则加工时应先在肾脏上刹深刀纹，刀深至腰臊，然后焯水，使腰肌收缩并将血污和臊味从刀纹处排出，再用清水洗净后进行炖制，长时间的炖制可完全去除挥发性的异味。羊肾和马肾的皮质与髓质合并，不易去除髓质，烹饪利用不多。腰子的初加工过程见图3-9。

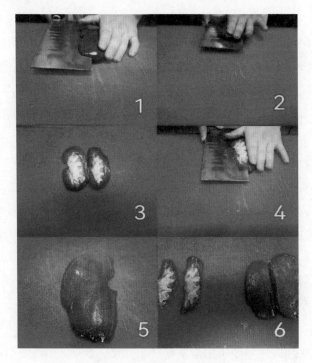

猪腰初加工

图3-9　腰子初加工过程

（2）胃（肚）的整理与清洗。猪肚外表附着很多黏液，内壁也残留一定的污秽杂物，加工时要用盐醋揉擦，再里外翻洗，使里外黏液脱离，修去内壁的脂肪，用清水反复冲洗。如利用猪幽门肌层（俗称肚头、肚仁、肚尖）爆炒菜肴（如油爆双脆），则要割下肚头，再剞刀处理；如采用酱卤烹调法，则还要将猪肚冷水下锅焯水，再用小刀进行刮洗至猪肚的内壁光滑清爽无异味。牛肚的洗涤过程与猪肚相同，但在加工时，要比猪肚更加费时。

洗猪肚

（3）肠的整理与清洗。畜类的肠有小肠和大肠，小肠多作肠衣，大肠用于烹饪。肠的整理与清洗同胃（肚）一样，也是利用盐醋搓洗法、里外翻洗法和焯水后再清洗的方法。

（4）肺的整理与清洗。肺是动物的呼吸器官，许多毛细血管分布在组织内部，要想去除沉积在肺内的瘀血和杂质，必须采用灌洗的方法进行洗涤。将水从主管注入，等肺叶充水胀大、血污外溢时，用双手轻轻地拍打肺叶，直到外表银白、无血斑时，倒提起肺叶，使污水流出，焯水后将主要肺管切除、洗净。

（5）心脏、肝脏的整理与清洗。先用刀修理心脏顶端的脂肪和血管，剖开心室，并用清水洗去瘀血。肝脏则要用刀修去猪肝叶上的胆色肝，批去猪肝上的筋膜，用清水洗去血液、黏液。

3．家畜内脏的清洗方法

家畜内脏由于污秽较重，黏液较多，清洗加工的工序较为复杂，不同的内脏清洗加工的方法也各有不同。采用的方法大体上有翻洗法、搓洗法、烫洗法、刮洗法、冲洗法、漂洗法等。

（1）翻洗法。翻洗法是将肠、肚等内脏里外翻洗。这些内脏污秽而油腻，如果不把里层翻过来洗，就无法洗干净。肚一般是先将外表的黏液洗去，再翻过来洗去污物，刮去肚油，然后可结合烫洗法去掉黏液及刮去白膜，最后用清水洗干净。肠可采用套肠翻洗法，肠受水的压力会渐渐地翻转过来，等到完全翻转后，就可将肠内的污物用手扯去或用剪刀剪去，再用清水反复洗净。

（2）搓洗法。一般是用食盐搓洗后用清水洗净污物、油脂、黏液。肠、肚在翻洗后，还要用食盐反复搓洗，以除去黏液和腥臭味。

（3）烫洗法。烫洗法就是把初步洗涤过的内脏再放入沸水锅中烫一次以除去黏液、白膜及腥臭味。烫洗的方法是将内脏投入开水锅中稍烫，当内脏开始卷缩、白膜转白时，立即捞出，然后用刮刀刮去白膜，洗去黏液，用清水洗净。如肚、舌等均要采用此法。

（4）刮洗法。刮洗法是用刀刮去内脏外表污物的一种方法。这种方法大多数要结合烫洗法进行。如洗猪舌可采用此法，猪舌先用开水烫泡，泡至舌苔发白，用刀刮去舌苔再清洗干净。

（5）冲洗法。这种方法主要用于清洗猪肺、牛肺。因为肺中血污不易清除，可将肺管套在自来水龙头上，将水灌入肺中使肺叶扩张，从而冲净血污，直至肺色发白，再剥去肺的外膜，将肺清洗干净。

（6）漂洗法。这种方法主要用于脑、脊髓等原料，这些原料细嫩，用其他方法清洗易破损。一般是将原料置于清水中，用小刀或竹签轻轻剔除血筋，再用清水漂洗干净备用。

五、其他家畜原料的初加工

（1）猪排骨。先用水洗净，沥干水分，检查排骨肉面上是否有残渣碎膘等，然后按排骨的间隔先切开条，再斩件；斩件时，长短、大小要均匀，不要成菱形。

（2）猪蹄及其他。先检查猪蹄、猪尾、猪耳朵等部位是否还残存细毛，如有，用火燎去，再用热水浸泡20分钟左右，然后用刮刀刮洗干净（如有趾甲要脱出），再根据烹调要求加工。如扒猪蹄，将猪蹄斩开，小猪蹄开两半，大猪蹄开四半；如用作碎料，则先开半，再斩成碎件即成。牛鞭、羊鞭则要通过水煮后，再去除表面白膜和尿道膜。

（3）花肉。花肉（又称五花肉）初加工时，要注意皮面上是否洁净或残留细毛，如有，可用刀刮去，并要刮净皮面上的黏液。

（4）猪脑。猪脑非常细嫩，外表有一层很薄的膜包着，加工时先用牙签剔去猪脑的血筋、血衣，盆内放些清水，左手托住猪脑，右手泼水轻轻地漂洗，按此方法重复3～4次，直到水清、猪脑无异物脱落即可取出。由于猪脑的质地极其细嫩，洗涤要十分小心，稍有不慎，破坏了保护膜，脑髓便会溢出，使原料破损，所以切不可用水直接冲洗。

（5）舌。舌（俗称口条）的表面有一层角质化的硬舌苔，不仅污物多，而且异味重，若不清除干净，不仅影响食用者的健康，而且制成的菜肴味道也不鲜美。可用沸水泡烫至发白，再用小刀刮剥去掉白苔，用清水洗去血污，并用刀切去舌的根部，尤其要去除舌根背侧的舌扁桃体。

单元四　禽类原料初加工

一、禽类原料初加工流程

家禽指鸡、鸭、鹅，禽类原料的初加工与猪、牛、羊一样，已退出厨房，但少量菜肴因成形的需要，对禽类原料的加工有特别的要求，所以仍需要在厨房中进行加工处理。如八宝鸭、葫芦鸡、风鸡、腊鸭等特色菜肴的制作，从宰杀到成形都有不同的要求，所以熟悉和掌握基本的初步加工技术是必要的。

1. 宰杀

禽类原料的宰杀方法主要有放血宰杀和窒息宰杀两种。放血宰杀就是用刀割断喉部的气管和血管，然后将血液放出致死。宰口的大小要控制好，既要便于放血，又不能破坏整体造型。放血时一定要将血液淋尽，否则颈部出现瘀血影响菜品色泽。家禽的血也是很好的烹饪原料，宰杀时，可将血淋入淡盐水中，搅拌并上笼略蒸至凝结不起孔即可。凝结的血块可以直接制成菜肴，也可作为菜肴的辅料使用。

2．煺毛

煺毛分湿煺和干煺两种。家禽一般用湿煺法。在选择湿煺法时应根据季节和禽类原料的老嫩掌握好水的温度，温度低不容易煺毛，但温度过高又会破坏表皮。特别是一些水生禽类，羽毛表面含有脂肪，阻碍热水的渗透，浸烫时要用木棍推掏羽毛以便于烫透，有时还可先用冷水将水禽浸透，然后再用沸水冲烫。

不同品种、不同年龄的禽类浸烫所需的水温不同。如嫩鸡最低浸烫水温在60℃，老鸡最低浸烫水温在70℃左右。北京填鸭在60℃的水中浸烫10分钟以上可以褪毛，而在65℃的水中浸烫3分钟可以褪毛。

此外，鸡、鸭的爪子烫制的时间稍长，应先放入水中浸烫，煺毛的同时将嘴部的角膜和爪部老皮一起去除。干煺法不需浸烫，直接从动物体表煺去羽毛。一般要等原料完全死后趁体温还热时把羽毛煺掉，摘毛时要逆向逐层进行，一次摘毛不宜太多，否则费力并容易破坏表皮。

3．开膛

开膛是为了取出内脏，但应配合烹调的需要而选择切开的部位。一般有腹开、肋开、背开三种剖开法，均须保持禽只原来的形状。腹开法适合一般的菜肴烹调，首先从禽颈与脊椎骨之间切开，取出嗉囊、气管与食道，再从肛门至腹部处切开约6cm的口，小心取出内脏并洗净。肋开法是从翼下切开，该法适合烤鸭的烹调，此剖法使其在烘烤时不至于滴漏油汁。背开法是切开背部，挖出内脏洗净。这种方法适宜于炖、扒、蒸等烹调方法。盛在盘中时，胸部朝上，则看不见切口，较为美观。

开膛取出内脏时，注意不要弄破嗉囊、肝脏与胆囊，因鸡鸭鹅的肝脏属于优等原材料，破损了极为可惜。胆囊有胆汁，一遭破损则肉质便有苦味；破坏了嗉囊，会给清理工作带来很大的麻烦。禽类的肺部一般都紧贴肋骨，不容易去除干净，如果残留体内，就会影响汤汁质量，如鸡肉炖汤时会导致汤汁混浊变红。

取出内脏的禽类要采用流水冲洗法洗涤处理，主要是为了冲尽血污，进一步去尽体表的杂毛。对死后宰杀的禽类则要采取浸泡和流水冲洗法，可使血污排出，以减少异腥味。

4．内脏及其他部位整理

禽类原料的内脏中最常用的是心脏、肝脏和胃肌，体型较大的家禽，其肠子、脂肪、舌、卵等也都可以加工食用。

（1）心脏。撕去表膜，切掉顶部的血管，然后用刀将其剖开，放入清水中冲洗即可。

（2）肝脏。摘去胆囊，用清水洗净，如果胆汁溢出应立即冲洗，并切除胆汁较多的部位，以免影响整个菜肴风味。

（3）胃肌。胃肌又称胗，是禽类原料特有的消化器官，加工时先剪去前段食肠，从侧面将其剖开，冲去残留的食物，然后撕去内层的黄皮（俗称鸡内金，可药用），洗净。用于爆炒时，还需铲去外表的韧皮。

（4）肠子。先挤去肠内的污物，用剪刀剖开后冲洗，再用刀在内壁轻轻刮一下，然后加盐反复搓揉，用清水冲洗干净即可。

（5）脂肪。一般老鸡或老鸭的腹中积存大量的脂肪，它们对菜肴的风味起着很重要的作用，可以取出提炼成油。洗净后切碎放入碗内，加葱、姜上笼蒸，然后去掉葱和姜即可，这样可使其油清、色黄、味香，不宜直接下锅煎熬。

（6）鸭舌。鸭舌是经常使用的特色原料之一，加工时要剥去舌表的外膜，加热成熟后抽去舌骨即可备用。

此外，头、颈、翅膀、脚爪清理干净后，都可以归类成菜。

禽类原料初加工流程见图3-10。

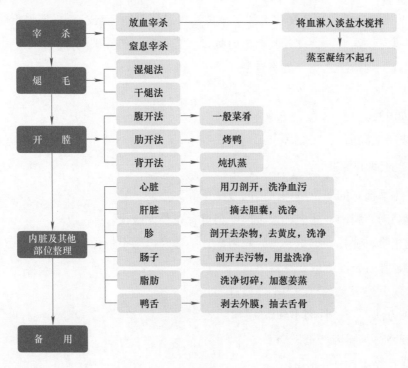

图3-10　禽类原料初加工流程

二、禽类原料的分档取料

常用于分档的禽类原料主要是鸡。这里以鸡为例，说明分档取料方法。

（1）鸡腿肉。鸡腹朝上，用刀沿腿腋割开皮肉，随即用刀跟紧贴在臀部骨的顶端割破筋膜，使骨头露出，再将腿弯处髌骨的筋割断，用刀跟揿住禽身，将腿一拉就能卸下。然后用同样的方法取下另一只腿。剔大腿骨时要将腿肉切开，露出骨头，在膝盖处将骨割断，刮净骨上的肉即可将腿骨拉出。

（2）鸡脯肉。两只腿卸下后，再从颈部三叉骨起，用刀跟沿着胸骨突起处一直深划至尾部，在两个翅膀与禽身骺骨处各划一刀，将筋割断，然后头朝外，将鸡颈撅在砧板上，左手抓住翅膀向后一拉，半边的鸡脯肉就可以取下，再用同样的方法卸下另一边鸡脯肉，接着用斜刀法去皮。鸡脯肉卸下后，在紧贴禽身胸骨突起处有两条里脊肉，可用刀将连在骨上的筋划断，把肉取下。

（3）翅膀。翅膀一般都与鸡脯肉同时卸下，需用刀割离。

（4）背脊。背脊部位通常称为鸡壳，肉较少。通过分档拆卸后鸡皮均被腿、脯、翼带走，只剩下背脊骨及爪、颈、头等，可根据需要，用刀予以分离。

操作要求：

1．鸡的宰杀要求

（1）宰法正确，宰口宜小不宜大，血要放净。

（2）根据鸡的老嫩和季节变化灵活掌握烫毛水温和时间，鸡皮完整，煺毛干净，无绒毛。

（3）根据烹调需要，合理开膛取出内脏，清洗干净，勿弄破鸡嗉、苦胆。

（4）出现下列情况之一，为不合格：

1）表皮毛多。

2）没去内脏。

3）鸡皮严重破损。

2．鸡的分档取料要求

（1）熟练掌握鸡的部位结构，出肉方法正确。

（2）鸡脯肉、腿肉、翅肉、栗子肉、鸡里脊完整无破损。

（3）鸡翅骨、腿骨、鸡爪、鸡架完整，骨不带肉，肉不带骨。

（4）肉、骨有条理地放在盛器中。

（5）出现下列情况之一，为不合格：

1）出肉方法不当，骨肉不分。

2）鸡脯肉、鸡腿肉严重破损。

3）主要骨骼 1/2 没有剔出。

三、禽类原料初加工要求

（1）放尽血液。宰杀时，要将气管、食管、血管割断，而后将禽血放净。如果气管、食管、血管没有完全割断，血就不能放净，肉色就发红，影响成品质量。

（2）煺净禽毛。禽类的毛是否煺尽是决定禽类初加工质量好坏的重要一环，既要煺尽禽毛，又要保证禽皮完整，才能符合切配、烹调的要求。要做到这一点，掌握好烫毛的水温是关键，必须根据家禽的老嫩和季节的变化来决定水温及烫毛的时间。禽老烫的时间要长一些，禽嫩烫的时间要短一些。冬季水温稍高，夏季水温可低些，只要平时能熟悉禽的品种，老嫩很容易分别，这样在烫毛时能正确掌握水温及时间，使禽毛煺尽，符合质量要求。

（3）清洗干净。禽类的血污、气管、肺、嘴壳、爪皮、舌尖硬壳等物要去净，否则影响菜肴质量；要根据菜品和烹调的要求，摘掉禽类尾脂腺和颈部淋巴，以去掉腥臊味并保证卫生要求。禽类内脏中的污物要反复洗净，有的必须用盐搓洗，以去除黏液和异味。

（4）剖口正确。禽类在宰杀时颈部宰杀口要小，不能太低。开膛时要做到符合菜品及烹调的要求，剖口正确，开腋下、腹部、背部都应根据烹调要求进行。

（5）物尽其用。家禽各部分都有用，胗肝心肠都可用来烹制菜肴，头爪可用来卤酱、煮汤，内金可供药用，禽毛可制绒毛。所以家禽的各部分在初加工时不能随意丢弃，要做到物尽其用。

单元五 水产原料初加工

一、水产品初加工的要求

水产品一般指咸水鱼类、淡水鱼类、虾蟹类这三种原料。这些原料在烹饪中使用广泛，但由于水产品原料品种多，在烹饪应用上使用方法也各不相同，因此，初加工的方法也应因料而异。水产品初加工应注意以下几点。

（1）除尽污秽杂质，达到卫生要求。如除去鳞鳃、内脏、血水、黏液、腥臭味。水产品往往带有较多的黏液、血水、寄生虫等污秽杂物和腥臭味，有些还带有有毒腺体，含有毒物质，必须除净。初加工后，水产品大多带有血污或被内脏污物污染，这些都会影响菜肴质量，影响食品卫生，甚至危及食用者的安全。因此必须注意清除污秽杂质，确保成品符合卫生要求，保证菜肴的质量。

（2）按品种特点和用途选择正确的加工方法。水产品的品种较多，要按照用途及不同品种进行初加工。如一般鱼类都要去鳞，但是有的鱼就不能去鳞。多数鱼类要剖腹取出内脏，而黄鱼则要根据要求不用剖腹，如从口中将内脏卷拉出来，使之保持鱼体的形态完整。此外，在加工中还要注意充分利用某些可食部位，避免浪费，如黄鱼鳔，青鱼的肝、肠等均可食用。

同一类原料因品种不同或用途不同，加工方法就有可能不同。例如，同是原条蒸的鱼，生鱼（黑鱼）、鲈鱼和鲫鱼，开膛取内脏的方法就不同。同是生鱼，用于蒸与用于煲汤，加工方法不同。在对水产品进行加工前，必须清楚地知道水产品有哪些初加工的方法，水产品将用作什么用途。若盲目加工，既不能满足菜式、烹调的需要，还有可能造成经济损失。

（3）注意水产品成形的整齐与美观。水产品初加工后，一要保证水产品形状的整齐与美观，如刀口要光滑，肉面要平整，外形要完整，净料要干净、不带血污；二要使水产品在正常烹制情况下成形美观，这一点主要靠下刀部位准确、刀工大小恰当等方面来保证。

（4）切勿弄破苦胆，以免影响菜肴的口味与质量。一般淡水鱼类均有苦胆，若将苦胆弄破，则胆汁会使鱼肉的味道变苦，影响菜肴的质量，甚至无法食用，应在剖腹挖肠时加以注意。

（5）合理使用原料，切不可将食用部分随意丢掉。除客人点用外，应当根据原料的使用特点、规格，合理地选用原料，绝不能大材小用，造成浪费和损失。当然，小材大用也不合适，会影响菜品的质量。

二、水产品的初加工方法

水产品的初加工方法大体上可分为放血、刮鳞、去鳃、剖腹取内脏、清洗等几个步骤。但是由于鱼的品种较多，有的鱼初加工并不一定要经过这些步骤，如鳝鱼没有鳞则不需刮鳞。总之，在鱼类初加工时，应视品种的不同而采用不同的加工方法。鱼类初加工基本方法主要有如下几个工序。

1. 放血

放血的目的是使鱼肉质洁白、无血腥味。方法是：左手将鱼按在砧板上，令鱼腹朝上。右手持刀，在鱼鳃的鳃盖口下刀，刀顺滑至鱼鳃，切断鳃根，随即放进水盆中，让鱼在水中游动，加速血液流出。还有一种方法是先斩鱼尾部，随即将鱼头斩下，把水管插进鱼喉，通水后，鱼血便随水从鱼尾冲出。

2. 刮鳞、去鳃

多数鱼类需刮鳞，如黄鱼、青鱼、草鱼、鲢鱼、胖头鱼等。一般用刀或铁板刷倒刮，将鱼头向左，鱼尾向右放平，左手按住鱼头，从尾部向头部刮上去，将鱼鳞刮净。刮鱼鳞时要注意：

（1）不可弄破鱼皮，保持鱼体的完整。

（2）鱼鳞要刮净。特别要将尾部、近头部、背鳍部、腹边部狭窄处的鱼鳞刮净。

（3）刮鳞时有的要将鱼鳍剪去，如黄鱼可先将背鳍撕去后再刮。

（4）有些鱼的鳞不可刮去。有的鱼鳞含脂肪较多，口味鲜美，如刮掉了鳞则破坏了口感。

（5）有的鱼不能刮鳞，却应剥皮，只要在头部鳃边用刀划开一道口，用手一撕即可将粗糙的皮剥下。如马面鱼、比目鱼等，其表面粗糙、颜色不美观，且不宜食用。

（6）去鳃。鱼鳃既腥又脏，必须去除。去鳃时，一般可用刀尖剔出，或用剪刀剪除，也可以用手挖出。有时需用坚实的筷子或竹枝从鳃盖中或口中拧出。

3. 取内脏

（1）开腹取脏法（腹取法）。大部分鱼用此法，即在脐门与胸鳍之间沿肚划一直刀，切开鱼腹，取出内脏，刮净黑腹膜。这种方法简单、方便、快捷，使用最广泛，如鲫鱼、鲤鱼、鲩鱼（草鱼）、鲳鱼、煲汤的生鱼等，都可用本法。

（2）夹鳃取脏法（鳃取法）。在脐门前1cm处横切一小横刀口，然后用竹枝或粗筷子或专用长铁钳从口腔处插入，夹住鱼鳃进入腹腔用力缠扭，在拧出鱼鳃的同时把内脏也拧出。这种方法能最大限度地保持鱼体外形的完整，常用于原条使用的鱼种，如鲈鱼、鳜鱼、东星斑、黄鱼等。此法须注意别碰破苦胆。

（3）开背取脏法（背取法）。沿背鳍下刀，切开鱼背，取出内脏及鱼鳃。根据需要，有的要取出脊骨和肋骨，有的不取出脊骨、肋骨。这种方法能在视觉上增大鱼体，美化鱼形，并能除去脊骨和肋骨，此法主要用于大鱼的腌制、某些整鱼去骨，以及清蒸生鱼等。

4. 清洗

鱼经过刮鳞去鳃取内脏后，整理外形，用清水将原料内外的污物、血水、黑衣冲净。到此为止，鱼的初加工基本完成。

三、鱼类的宰杀加工

（一）鱼类体表及内脏的清理加工

1. 褪鳞

绝大多数鱼体的外表都被有鳞片，这些鳞片起到保护鱼体的作用，所以质地较硬，一般不具食用价值，加工时应首先去除。刮鳞时用刀或特制的耙，从鱼尾至头逆鱼鳞生长方向刮去鳞片，注意头部和腹部的小鳞片也必须刮除干净。鱼皮质地较嫩，特别是头部的形状不平整，容易划破表皮，加工时要控制好力度和深度。另有一些特殊鱼的鳞片，因鳞片中含有较多脂肪，烹调时可以改善鱼肉的嫩度和滋味，应该保留。

2. 去鳃

鳃是鱼的呼吸器官，也是微生物最多的地方。鱼类有两个鳃，去鳃时要一同去除。形体较小的鱼可直接用手摘除，形体较大或骨刺坚硬有毒的鱼去鳃时，要用剪刀剪断鳃弓两端，然后取出。

3. 取内脏

常见的去内脏的方法有：腹取法，用刀从腹部剖开，将内脏从腹部取出，此法应用最广，如"红烧鱼""松鼠鱼"等；背取法，用刀从鱼背处沿脊骨剖开，将内脏从脊背掏出，如制作"荷包鲫鱼"；鳃取法，用两根筷子从嘴部插入，通过两鳃进入腹腔将内脏搅出，如制作"叉烤鳜鱼""八宝鳜鱼"等。

4. 内脏清理

鱼的内脏中，鱼鳔胶原蛋白含量丰富，是很好的食用原料，特别是鲖鱼鳔、黄鱼鳔更是鳔中上品。加工时应先将鱼鳔剖开，用水洗净即可。除鱼子、鱼鳔外，一般都不作为烹饪原料。

鱼的腹腔壁内黏附着一层黑色的薄膜，带有异腥味，且影响菜肴的美观，但它与腹壁粘连较紧，清水冲洗并不能将其去除，加工时要用小刀轻轻刮除。

5．无鳞鱼的黏液去除

无鳞鱼的体表有发达的黏液腺，多栖息于腐殖质较多、土质肥沃的水塘污泥处，从而使鱼体内和体表的黏液带有较重的土腥味，而且非常黏滑，不利于加工和烹调，因此，在烹制之前，首先必须去除其体表的黏液，使土腥味大大减轻，从而使成菜达到肉味鲜美的要求。常见去除黏液的方法有浸烫法和盐醋搓揉法两种。

（1）浸烫法。将表皮带有黏液的鱼，如鲴鱼、泥鳅、鲇鱼、鳝鱼、鳗鱼等，用热水浸烫，使黏液凝结，然后再将黏液去除。烫制的时间和水温要根据鱼的品种和具体烹调方法灵活掌握。一般鳗鱼的浸烫水温在 50～100℃之间；鳝鱼、泥鳅的浸烫水温在 60～80℃之间为佳。在实际允许浸烫范围内，水温的高低可根据浸烫时间来调节。水中可加入葱段、姜块、香醋和精盐，加醋可使鳝鱼体内和体表黏液中的三甲胺被中和，大大减轻土腥味，还可以使鳝鱼的脊部皮层发光烁亮。

（2）盐醋搓揉法。将宰杀去骨的鳗肉或鳝肉放入盆中，加入盐、醋后反复搓揉，待黏液起沫后用清水冲洗，然后用干抹布将鱼体擦净即可。此法多用于"生炒鳗片""炒蝴蝶片"等菜肴的原料去除黏液。去除表皮上的黏液后，再经去骨、切配等一系列加工。

（二）鱼的分割与剔骨加工

鱼的分割与剔骨加工对体现鱼的各部位特点、提高食用价值和经济价值具有一定的积极意义。要正确分割与剔骨，提高使用率、出肉率，就必须了解鱼的骨骼与肌肉结构。

1．鱼的骨骼结构

鱼的骨骼由头骨、脊椎骨、肋骨和鳍组成。鱼头上的骨骼较多，除颅骨较大外，其余骨骼均较小。对鱼头的剔骨目前仅限于较大的鲢鱼头或鳙鱼头，其他鱼头似无剔骨的必要。脊椎骨是由许多脊椎彼此前后相连而组成的一条骨柱，从头至尾形成脊索，由躯干椎和尾椎组成。肋骨基部与脊椎横突相连，游离端插入腹部肌肉中，几乎包围整个腹腔。由于鱼的品种不同，其肋骨形状也有差异。有些肋骨是呈对称形的，如鲤鱼、鲫鱼；有些则无明显成对肋骨，如带鱼、鲚鱼；还有些鱼的肋骨较短，脊椎骨近似于三角形，如鳝鱼、鳗鱼。

2．鱼的肌肉结构

鱼的肌肉主要是横纹肌，即骨骼肌，可分为白肌和红肌。红肌多分布于经常运动的相关部分，如胸鳍肌、尾鳍肌和表层肌等。红肌的特点是收缩缓慢，持久性强，耐疲劳。长时间巡游且行动缓慢的鱼，红肌就发达，如鲤鱼。白肌的特点是收缩性强，持久性差，易疲劳。巡游范围小、灵活性强的鱼类，白肌就发达，如白鱼、黑鱼等。

3．鱼的分割部位及应用

（1）鱼头。以胸鳍为界线直线割下，其骨多肉少、肉质滑嫩，皮层含丰富的胶原蛋白，适用于红烧、煮汤等。

（2）躯干。去掉头尾即为躯干，中段可分为脊背与肚档两个部分。脊背的特点是骨粗肉多，肉的质地适中。鱼菜的变化主要来自脊背肉，可加工成丝、丁、条、片、块、糜等形状，适合于炸、熘、爆、炒等烹调方法，是一条鱼中用途最广的部分；肚档是鱼中段靠近腹部的部分，肚档皮厚肉层薄，脂肪含量丰富，肉质肥美，适用于烧、蒸等烹调方法。

（3）鱼尾。鱼尾俗称"划水"，可以臀鳍为界线直线割下。鱼尾皮厚筋多、肉质肥美，尾鳍含丰富的胶原蛋白，适用于红烧，也可与鱼头一起做菜。

操作要求：

（1）熟练掌握鱼的部位结构，出肉方法正确。

（2）骨肉分离，骨不带肉，肉不带骨。肉不带皮，皮不带肉。

（3）操作过程中要下刀准确，使去骨后的肌肉完整。

（4）刮净砧板，肉、骨（刺）、头、皮、尾有条理地放在盛器中。

4．躯干的去骨加工

去除鱼躯干的脊椎骨、肋骨的方法是：将鱼脊背朝里，从右端脊椎骨上侧平向进刀，将其剖为软、硬相对的两片，带脊椎骨者叫硬片，反之为软片。在硬片一侧用相同的方法取下脊椎骨，刮下附着在骨上的残存肌肉（骨可制汤）。然后用斜刀法批下肋骨及肋骨下端腹壁，即得净鱼肉。若制鱼糜或切丝，则需去除鱼皮；若用于切片，可去皮，也可连皮。鱼的分割应尽可能综合运用各档部位，扬长避短。

（三）整鱼出骨

整鱼出骨是指将鱼体中的主要骨骼去除，并保持外形完整的一种出骨技法。整鱼出骨是烹饪工艺中的一项特殊技艺，其菜肴一般列入中高档菜肴中，如"脱酿黄鱼""脱骨八宝鳜鱼""三鲜脱骨鱼"等，都是采用将整条鲜鱼脱骨的方法，再酿入馅心后熟制成熟。

整鱼出骨需用专用出骨刀具，从形状上看，出骨刀呈一字形，刀身长 22cm 左右、宽2cm、厚 1mm，刀柄长 11cm，刀身三面有刀刃，而其中一面有 1/2 长刀刃，靠柄处无刀刃的一段刀身可以放食指，作横批腹刺时手指抵刀发力之用。刀身的三面刀刃不宜过分锋利，只要能把鱼肉割开而不易将鱼皮划破即可。

适合整料出骨的鱼通常有鳜鱼、黄鱼、黄姑鱼、石斑鱼、鲤鱼、鲈鱼、白鱼等品种。凡用来作为整料出骨的鱼，一般选活鱼为好，若使用冷藏或刚死不久的鱼，其品质应与鲜活鱼的新鲜度相仿，否则不能使用；除刀鱼和白鱼外，每条鱼的重量都应在 700g 左右，刀鱼在 250g 左右，白鱼在 600g 左右，过大则与盛器不配，鱼肉质地偏老；过小则不好出骨。鱼在出骨前，需去鳞去鳃，不需去内脏。将鱼鳍用刀修齐，鳜鱼则应将背鳍全部斩掉，接着就可以正式出骨了。

整鱼出骨依鱼体表面有无刀口,可分为鳃内出骨法和鳃下出骨法两种。

1. 鳃内出骨法

这种方法适用于黄鱼、鳜鱼等骨骼小而散刺少的鱼类,重量以700g左右为宜。将初加工过的鱼放在砧板上,接着掀起鱼鳃盖骨,用厨刀斩断脊骨(不可破皮)。左手按住鱼身,右手持出骨刀,从鳃内沿脊骨向前铲批,直到肛门后平批向腹部使脊骨和肋骨都骨肉分离。把鱼翻身,用同样的方法使另一面骨肉分离,继续用出骨刀刀尖使脊骨与脊背分离,此时即可从鳃内捏住脊骨,将脊骨和肋骨连内脏抽出来。放清水中清洗干净,沥去水填入准备好的馅心,然后就可以正式烹调了。采用这种脱骨方法,鱼的外部看不到一个刀口,外形完整,效果较好。

2. 鳃下出骨法

这种方法又分为鳃下两面开口出骨法和鳃下一面开口出骨法两种。

(1)鳃下两面开口出骨法。此法适用于鲤鱼、鲈鱼、白鱼、黄姑鱼、石斑鱼等骨骼中等的鱼类。整鱼加工洗净后,用洁布吸去水,头朝左、尾朝右,腹朝外、背朝里,在鱼鳃下1cm处横切一刀,切断脊骨,刀口长度以能将肋骨拿出为准。将鱼翻身,在肛门处横切一小刀,刀口长度与出骨刀的宽度相等。左手按住鱼身,右手持出骨刀,从鳃下刀口处插入,沿脊骨慢慢向前推进至肛门后,平批向腹部。再将鱼翻身,出骨刀从肛门刀口处进入,顺脊骨向前铲批至头部,横批向腹部。接着用刀尖修一下脊骨与脊背连接处,使骨肉分离,从鳃下开口处抽出骨头与内脏,洗净备用。这种出骨方法应用较多,无论是蒸还是煮、烧等烹调方法都适用。

(2)鳃下一面开口出骨法。此法适用于刀鱼、白鱼、鲤鱼、鲈鱼等。将鱼放在砧板上,用剪刀从肛门处伸入,逐渐张开剪刀直至剪断脊骨,接着在鱼鳃下1cm处横切一刀,切断脊骨,刀口长度与肋骨同宽;将鱼头朝里、尾朝外,左手按在鱼身上,右手持出骨刀,从切口处顺脊骨向前铲批,在肛门处向肋骨横向平批,使骨肉分离。将鱼翻身,左手食指和大拇指捏住鱼头,其他三指放鱼身上,使鱼翘起露出断骨,用同样的方法将脊骨和肋骨与肉分离。再将鱼翻身,从切口处抽出脊骨及内脏,清洗待用。此出骨法缺点是开口长度较大,一般只适合于蒸制类菜肴,装盘时切口朝下以掩蔽刀口,其他烹法易使头身分离,不宜采用。

注意事项:

鱼在出骨时,要擦干水,将砧板刮干净,防止滑动。进刀时右手持刀要稳,刀尖到什么地方,左手就要移到什么地方,内动外感,尽量做到骨不带肉,鱼皮还要完整。出骨后要注意将鱼腹内的黑膜刮去。装填馅心时,馅心的量约占鱼腔的80%,少了显得干瘪,多了受热后膨胀会撑破鱼体,影响造型。

操作要求：

（1）先将鱼打晕，然后去鳞、鳃，否则容易割伤手指。

（2）剖鱼腹时，剖口呈直线，勿割破鱼胆。

（3）去内脏时，鱼的食管因肉厚，故不弃去，应划开后洗净留用。

（4）刮鳞时应逆着鳞片生长的方向，用快刀刮鳞。

鱼的初加工流程见图 3-11。

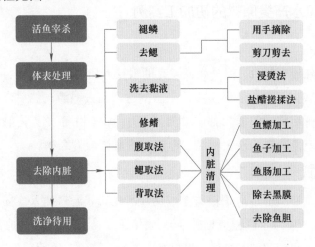

图 3-11　鱼的初加工流程

四、甲鱼的宰杀加工

中华鳖又称甲鱼、水鱼、团鱼等。甲鱼必须要活宰，加工的方法一般有两种，一种适用于清蒸、红烧、炖汤，另一种适用于生炒或酱爆。

1. 清蒸、红烧、炖汤时的加工方法

将甲鱼腹部朝上，待头伸出即从颈根处割断气管、血管，也可用手捏紧颈部，再用刀切断颈部。将甲鱼放入 80℃左右的热水中浸烫 2 分钟左右，取出后趁热用小刀刮去背壳和裙边上的黑膜，如果几只甲鱼同时加工，要将甲鱼放在 50℃左右的水中进行刮膜，因为裙边胶质较多，凉透后黑膜会与裙边重新黏合在一起，很难刮洗干净。去膜后，用刀在腹面剖个"十"字，再放入 90℃左右的热水中浸烫 10～15 分钟，捞出后揭开背壳，并将背壳周围的裙边取下，再将内脏一起掏出。特别注意体内黄油，它腥味较重，如不去除干净，不仅会使菜肴带有腥味，还会使汤汁混浊不清。黄油一般附着在甲鱼四肢当中，摘除内脏时不能遗漏。最后剪去爪尖，剖开尾部，用清水冲洗后即可。

2. 生炒或酱爆时的加工方法

刮膜以后不再入热水中浸烫，而是直接用刀划开背壳，清除内脏后改刀成块，用清水冲洗后，沥干水分即可备用。

操作要求：

（1）宰杀甲鱼时应注意安全，防止咬伤手指。

（2）勿弄破苦胆。

（3）水烫去黑膜时，水温适度，浸烫时间不宜太长，以免黑膜难刮。

（4）必须划开泄殖腔，洗去排泄物。

五、其他常见水产类原料的初加工实例

1．带鱼的初加工

带鱼的表面虽然没有鳞片，但是表面发亮的银鳞入口有腻的缺点，所以一般都要刮去。方法是：右手持刀从头至尾或从尾至头，来回刮动，刮去银鳞。然后，用剪刀沿着鱼背从尾至头剪去背鳍；再用剪刀沿着口部向肛门处剖开腹部，用手挖去内脏和鱼鳃，剪去尖嘴和尖尾，然后用水反复冲洗，洗去银鳞、血筋、瘀血等污秽之物。

2．龙虾的初加工

手拿抹布捏住龙虾胸部，取一根竹筷或钢针，在其尿洞口插入（插入时要准确，否则龙虾尾部会曲折，其劲很大，应避免划破手），放尽尿水、血液（龙虾的血液呈淡淡的蓝色），然后用两手转动头部和身部使其分离，再将身中的竹筷取出。用剪刀将腹部两侧边缘剪开，将其背部朝下放在砧板上，一只手拉腹部外壳，另一只手按住肌肉组织（以防肌肉组织不完整），去掉腹部的外壳和龙筋，然后用小刀从侧面顺着背部的六个关节将龙虾肉与背壳分离，取出龙虾肉。如生吃则将龙虾肉用纯净水洗净，洗时不可长时间浸泡在水中。将洗净的龙虾肉按照其肌肉组织分为三大块，一块背脊，两块腹部肌肉。先将背脊批成薄片，贴在食用冰上；龙虾肉腹部肌肉与虾身六个关节相连，每块腹部肌肉可分成六块（两块腹部肌肉共可分成12块），将分割的肌肉束再批成薄片贴在食用冰上即可，批片时不可过薄、过碎，以免食用时不方便。另外，龙虾的脑也可生食，方法是从胸部开刀，取出虾脑，盛入碟中，与整只龙虾刺身一起上桌生食。

3．象拔蚌的初加工

取鲜活象拔蚌，放入沸水锅中烫一下，取出去掉外壳和内脏，剥去蚌身的外衣。在沸水中烫的时间不能过长，以能剥去外衣为佳，否则肉质会变硬，然后用纯净水洗净。用刀将蚌体剖开，再用纯净水洗净中间的杂物，然后批成薄片，贴在食用冰上即可，生食象拔蚌一定要用鲜活原料，且就用中间的如象鼻状的肉足。象拔蚌除生吃外，还可用加酱炒、上汤焗等方法制成菜肴。

4．北极贝、鲈鱼的初加工

将北极贝用水冲洗干净，然后用刀撬开外壳，取出中间的一块，边缘不用。北极贝肉洗净，将赤贝肉一剖为二，用刀批去黑色的内脏后洗净，然后批成薄片贴在食用冰上即可。

鲈鱼生食的加工方法与平时宰杀有所不同，先将鱼鳞刮尽，然后在其头部与身部连接处，从背部下刀斩断龙骨放尽鱼血，以便鱼肉保持洁白、透明的色泽，然后去掉内脏、鱼骨、鱼皮，批成薄片贴在食用冰上即成。

5. 海螺、田螺的初加工

将海螺或田螺放在水盆里，用软毛刷刷去泥土，用水冲洗，等水清时仍放在水盆里，静养几小时，等泥沙吐净，冲洗后待用。

6. 河鳗的初加工

操作过程：宰杀→取出内脏→烫泡→清洗。

操作步骤：左手中指关节用力勾牢河鳗，右手握刀在鱼的喉部先割一刀，再在肛门处割一刀，放尽血。然后将方形竹筷从喉部刀口处插入腹腔，用力卷出内脏，再挖去鱼鳃。放入沸水中浸泡，待其身体表面黏液凝固后取出，用干布除去黏液，用清水冲洗干净。

7. 墨鱼的初加工

操作过程：挤出墨液→去脊背骨、内脏→去黑衣→清洗。

操作步骤：双手挤压墨鱼眼球，使墨液进出，拉下鱼头，抽出脊背骨，同时将背部撕开，挖出内脏，揭去墨鱼表面的黑皮，洗净。雌鱼的产卵腺、雄鱼的生殖腺洗净干制后，也可用于烹调菜品，不应丢弃。

8. 蛤蜊的初加工

操作过程：刷洗→水养→清洗。

操作步骤：将蛤蜊放入清水盆内，用细毛刷刷洗泥土，冲洗干净后静置于淡盐水（每4kg清水放5g盐）中，使其吐出泥沙，最后用水冲洗干净即可。水养时，水不宜过多（水料比为1:1），以防水下缺氧，造成蛤蜊死亡。

9. 鲜鲍鱼的初加工

用细毛刷将内外污物刷洗干净。连壳使用的，用刀将肉大部分切离，稍留下一点与壳相连。

10. 圆贝的初加工

用尖刀插进贝肉一切为二（小的圆贝不必把贝肉切开，只切去一边外壳即可），剥去内脏，洗净即可。

11. 带子的初加工

加工方法与圆贝基本相同，但要将带子壳修小一点。

12. 鲜蚝的初加工

撬开蚝壳，取出蚝肉，除去蚝头两旁韧带的壳屑。加入食盐拌匀，然后冲洗，去除其黏液。冲洗干净后用清水浸着待烹。

13. 鲜章鱼的初加工

在水中加入适量的醋和碱面，之后放入章鱼进行搓洗，直至将附着的黏液清洗干净；去除章鱼的牙齿；用刀切开或用剪刀剪开头部，挤出内脏，并将墨汁清洗干净；剥去外衣，冲洗干净。

模块小结

本模块介绍了鲜活原料的初加工，是烹饪过程中不可或缺的环节，包括各种原材料的初步处理和准备工作。

对于新鲜蔬菜的初加工，首先需要将其清洗干净。清洗的方法要根据不同的蔬菜而定，有些蔬菜需要用流水冲洗，有些则需要用刷子进行清洗。清洗后的蔬菜需要进行切块、切丝、切片等处理。初学者应先从简单的蔬菜，如黄瓜、西红柿、萝卜等开始练习，掌握基本的切割技巧，逐渐适应后可以尝试切割更复杂的蔬菜，如芹菜、洋葱等。

畜类原料的初加工，主要指对畜肉及其副产品进行整理与清洗。初学者可以从简单的家畜原料如牛肉、猪肉等开始练习，逐渐掌握畜类原料初加工的基本技巧。在切割时需要注意刀具的选择和保养，以及安全使用的方法。

禽类原料的初加工，包括宰杀、煺毛、开膛、内脏及其他部位整理等环节。初学者可以从鸡翅、鸡腿等简单的家禽原料开始练习，逐渐掌握禽类原料初加工的基本技巧。在初加工时需要注意安全，避免对手部造成伤害。

水产原料的初加工，主要包括放血、刮鳞、去鳃、取内脏、清洗等步骤。初学者可以从简单的水产原料如带鱼、蛤蜊等开始练习，逐渐掌握基本的初加工技巧。在剖鱼和取龙虾肉时需要注意安全，避免刀具滑动造成伤害。

总之，不同类型的鲜活原料需要使用不同的初加工方法。初学者应从简单的原材料开始练习，逐渐掌握基本的初加工技巧。在进行初加工时需要注意安全，保护手部不受伤害。掌握鲜活原料的初加工技巧可以使烹饪过程更加高效和安全，也能够提升厨师的烹饪技能。

同步练习

一、填空题

1. 蔬菜在烹调中应用很广，既能做主料又能做辅料；不但能做一般的菜肴，还能制作_____。

2. _____是指用专用的和特种的刨具、磨具把蔬菜刨成丝、片或异片；磨成蓉状，如姜蓉。

3．各种家禽（鸡、鸭、鹅等）初加工的方法基本相同，一般可分为_____、
_____、_____内脏及其他部位整理等几个步骤。

二、单项选择题

1．蔬菜购进后，必须先进行（　　）处理，去掉不能食用的部分。

A．摘除　　　　B．浸洗　　　　C．削剔　　　　D．切改

2．蔬菜加工后容易变质，为避免损失，应注意（　　），通风散热，做好保管工作。

A．沥净水分　　B．放入冰箱　　C．保持湿润　　D．定期检查

3．（　　）是指以果实或种子作为食用部分的蔬菜。

A．茎菜类　　　B．果菜类　　　C．叶菜类　　　D．根菜类

4．水产品一般指咸水鱼类、（　　）、虾蟹类这三种原料。

A．带子　　　　B．海水鱼类　　C．淡水鱼类　　D．章鱼

5．（　　）一般是用食盐搓洗后用清水洗净污物、油脂、黏液。如肠肚在翻洗后，
还要用食盐反复搓洗，以除去黏液和腥臭味。

A．搓洗法　　　B．翻洗法　　　C．漂洗法　　　D．刮洗法

三、简述题

1．简述鲜活原料初加工的基本原则。
2．简述蔬菜初加工的要求。
3．简述水产品初加工的要求。
4．简述甲鱼的宰杀加工方法及操作要求。

实训项目

实训任务：片的加工成形——鱼片。

实训目的：能根据不同原料选择不同的刀法进行切割成形。

实训内容：

1．知识准备

动物性原料切割是指运用各种不同的刀法，将动物性原料加工成各种形状，从而达到料形美观、易于烹调和食用的要求。

片是运用直刀法的切或平刀法、斜刀法的片加工而成的，有的原料形体大、厚，可直接片；有的原料较厚，可先加工成条块，或其他适当的形状，再切成片；形体小，较窄、薄的原料，要采用斜刀法加工成片。

（1）切割规格。

长方片规格为长约 5cm，宽约 2.5cm，厚约 0.2cm。

牛舌片规格为长约 10cm，宽约 3cm，厚约 0.15cm。

菱形片规格为长对角线约 5cm，短对角线约 2.5cm，厚约 0.2cm。

麦穗片规格为长约 10cm，宽约 2cm，厚约 0.2cm。

连刀片规格为长约 10cm，宽约 4cm，厚约 0.3cm。

灯影片规格为长约 10cm，宽约 4cm，厚约 0.1cm。

（2）技术要求。料形规格一致，厚薄均匀。

2．日常训练

加强练习之前学过的内容，熟练掌握各类原料的切割方法。

实训要求：

（1）加工步骤：选料→分档→清洗干净→取料→改块→批片→成形

（2）加工方法：将青鱼或草鱼分档取肉，清洗后改成长 4cm、宽 2.5cm 的块，用正刀批将鱼肉块批成厚 0.2cm 的片，重复此法将原料批完即可，将批好的鱼片盛放盘中。

学生完成鱼片加工成形任务，教师根据学生任务完成情况打分并填写考核表，样表见表 3-3。

表 3-3　鱼片加工成形考核表

姓　　名	考核标准				合　计	备　注
	鱼的分档（20分）	厚薄度（30分）	刀法熟练度（30分）	台面卫生（20分）		
学生 A						
学生 B						
学生 C						
...						

模块四

原料剔骨分档出肉技术

学习目标

➲ **知识目标**

1. 掌握常用原料的出肉加工方法。

2. 熟悉整料出骨的作用。

3. 了解整料出骨的要求。

4. 掌握鸡、鸭、鱼整料出骨的方法。

➲ **能力目标**

1. 能准确、快速、有效地剔骨取肉。

2. 能利用网络收集整理原料剔骨分档出肉技术的相关知识，解决实际问题。

➲ **素养目标**

1. 具有创新意识，具备自主学习的能力，明确自我价值，学会解决问题。

2. 具有强烈的社会责任感，拥有正确的价值观。

3. 具有良好的心理素质，敢于担当，勇于进取。

单元一　出肉加工

出肉加工技术是指对经过宰杀等初加工的动物胴体,进行骨肉分离、清理杂质,并根据肌肉组织结构的不同,按照质量、体积、清洁度等要求,结合后续加工工艺,进行分档切割。

事实上,每一道菜肴都对原料有不同的要求。原料各部分的质地、性能也不尽相同。熟练掌握出肉加工技术,可以帮助我们更加有效地利用原料,使每一道菜肴充分体现出它的特性,以实现其经济效益和社会效益。此外,出肉加工技术还可以降低食材损耗,确保食材质量,为高质量的菜肴提供有效的制作依据,满足消费者的口味需求。

拓展阅读

张某周末从路边摊买了 5kg 的野生河豚回家吃。当晚,张某一家因食物中毒被送往医院,张某经抢救无效死亡,其余人经治疗已无大碍。野生河豚体内有剧毒,生产经营野生河豚的行为本身对消费者的身体健康存在重大安全隐患。

餐饮服务企业要坚持以人为本,以对广大消费者健康和食品安全高度负责的精神,严把原料进货关。进货要选择正规渠道,严格挑选食材,避免有毒有害物质混入其中;严禁使用野生河豚、来路不明的野生蘑菇等作为食品原料,切实保障广大消费者的身体健康和生命安全。

党的二十大报告中提出,推动绿色发展,促进人与自然和谐共生。请结合案例及实际生活谈谈你对常用原料的肉类原料与"自然和谐共生"的理解。

一、剔骨出肉技术要求

剔骨技术是食品加工过程中的一项关键技术,要求操作者在拆骨过程中操作准确、快速、有效,并且不能损伤原料的外皮或肌肉组织,确保拆骨之后的原料形态完好,有利于保持菜肴的美观和营养价值。此外,为了准确剔骨,操作者还需要熟悉原料的组成情况,以便更好地物尽其用。具体来说,原料剔骨有以下技术要求。

(1)熟悉各种动物性原料的生理组织结构,特别要熟悉原料的骨骼关节的构造情况。剔骨行刀要贴着骨头走,见着关节软组织下刀,这样才能既不伤刀,又不会破坏整体原料外观的完整。要做到准确下刀,按刀路出肉,保证不同部位原料的完整性。所谓刀路,主要是指肌肉间的结缔组织形成的筋络腱膜。

(2)正确掌握开刀取料的先后顺序。要根据动物性原料的结构,去骨、分档取肉,并保证不同部位肉块的完整。

（3）出骨取肉时，刀刃要紧贴骨骼，徐徐而进。这样出骨操作准确安全，骨肉分离合理，可以避免原料的不合理损失。

（4）剔骨出肉和部位分割时，重复刀口要一致。每次进刀都要在前次进刀的刀口上继续前进；否则，会造成部位肉块不完整，碎肉和肉渣过多。

（5）对整料拆骨的原料应加以挑选。整料拆骨的原料应该是形态完整，肥壮多肉，大小、老嫩适宜的。例如，鸡应选用一年左右而尚未开始生蛋的母鸡，鸭应选用 8 ～ 9 个月的肥鸭。这种鸡、鸭肉质既不老，也不太嫩，去骨、皮时不易破碎，烹制菜肴较易酥烂，皮不易胀裂。鱼应选用新鲜度高，重 0.5 ～ 1kg 的为宜。黄鳝生拆骨时要选大一点的，熟拆骨时可选小一些的。整料拆骨的原料在初加工时应特别注意保持原料形体的完整，鸡鸭不能烫破皮，割杀的刀口要小。鸡鸭可先不剖腹取内脏，鱼的内脏可从鳃部卷出。

二、水产品的出肉加工

1. 鱼的分档出肉加工

鱼体可以分为三个部分：鱼头、鱼中段和鱼尾。剔骨可以分为生剔和熟剔两种，熟剔即将鱼煮熟或蒸熟后取出鱼头、鱼骨和鱼刺，这一方法更为便捷。鱼的分档出肉加工见图 4-1。

鱼中段出骨多用于大头小身的鱼，其剔骨方法为：将鱼脊朝外放置，从右端鱼鳃下 1cm 处垂直切断椎骨，再从左端靠近鱼尾部下刀切断椎骨关节，以此将鱼体侧平分开，将带有椎骨的部分剔出，剩下净肉用于其他加工。如果需要去皮，可以从鱼肉中部或尾部皮肉相连处下刀，左手指按住鱼皮，右手持刀批下鱼皮。这项技术应用广泛，能帮助人们精准分离出肉质和鱼骨，可以节省成本、减少耗材，同时还能使食材美味可口，为餐桌上的佳肴提供了得天独厚的优势。

图 4-1　鱼的分档出肉加工

鱼尾不宜拆骨，只对大鱼的尾鳍劈成软硬两片，与鱼头配合使用。如果要做花色菜，如"八宝酿鱼""口袋鱼"等，则要使用整鱼剔骨法。

2. 三文鱼的分档出肉加工

新鲜的三文鱼块，肉呈鲜橘红色，鱼肉光亮，花纹鲜明，弹性好，不粘手。餐饮业使用的三文鱼都在 3 ～ 10kg 之间。这么大的鱼不可能整尾烹调，烹调前要进行分档取料，方法如下。

（1）将刮鳞、去鳃、清除内脏的鱼放在砧板上，鱼头朝右，背部面向操作者。用刀从鳃盖处切下鱼头，然后从背部向尾部切开，刀靠着椎骨慢慢切，并且越切越深入，一直切开至中骨。

（2）将鱼身转动 180 度，鱼尾向右，鱼腹面向操作者，用刀从尾部开始，往腹部方向切开至中骨。

（3）用左手将鱼肉两边轻轻抓起，右手执刀把鱼肉与中骨连接的部分从尾至头切开，卸下鱼肉。按照同样的办法卸下另一片鱼肉，去掉腹骨。

（4）鱼背部有一行细骨，深入肉里，鱼肉表面只露一点头。靠近头部最长，随后依次递减，至整片鱼肉的 1/2 处消失。去掉这一行骨的方法是一只手触摸骨，另一只手拿宽嘴镊子，一根根拔掉。至此，整片鱼肉无骨。

3. 鳝鱼的出肉加工

（1）鳝鱼生出骨法。用刀将鳝鱼从喉部向尾部剖开，去内脏，洗净抹干，再用刀尖沿椎骨剖开一长口，使脊部皮不破，然后用刀铲去椎骨，去头尾即成鳝鱼肉。鳗鱼生出骨也是如此。用此鱼肉可制成"炒蝴蝶片""生爆鳝背""炖鳝酥"等。

（2）鳝鱼熟出骨法。先用锅将清水烧沸，加入盐、醋、葱、姜、黄酒，然后倒入活鳝鱼，迅速盖上锅盖，烫制过程中轻轻推动鳝鱼，使黏液从体表脱落。氽好后的鳝鱼立即捞入清水中漂洗，将残留的黏液和杂物洗净。葱、姜、黄酒主要起去腥增香的作用；醋除了可以去腥增香，还有利于黏液的脱落，增加鳝背光泽；盐可以防止烫制过程中肉质松散，使鳝鱼保持弹性和嫩度。

将熟鳝鱼背朝外，腹朝里，头左尾右，平放于案上，左手捏住鱼头，右手捏住划鳝鱼的刀（为骨制，尖刃窄身），从颌下腹侧入刀，顺椎骨向右移动，划开鱼体成腹、背两片，再用相同的方法将椎骨一侧划开，接着划出椎骨。鱼腹可制"煨脐门"，背肉可制"炒软兜"。脊背完整的叫"单背划"（见图 4-2），脊背划成两条的叫"双背划"。

图 4-2 单背划

操作要求：

（1）鳝鱼体滑，力大，宰杀和剖腹时应注意安全。

（2）剖腹时，刀口呈直线，不可割划偏斜。

（3）清洗时注意避免血污溅至身上。

黄鳝单背划

（4）掌握鳝鱼的部位结构，出肉方法正确。

（5）出肉干净，做到骨去不带肉。

（6）熟出骨氽鳝鱼要烫透。

（7）刮净砧板、案板上的血污，骨、肉有条理地放在盛器中。出成率不低于标准量 1/3。

4. 虾的出肉加工

虾类是中国传统饮食中不可或缺的一部分，其加工技术也在不断演变。虾类原料洗净后，一般可整只烹调，既方便又色彩美观，如需加工，主要是剪去额剑、触角、步足，体型较大的需要剔去背部沙线。大龙虾一般不需剪去触角，因为触角中也带有肉质，而且装盘时还有美化作用。加工时要将虾卵保留，经烘干后可制成虾子，它是非常鲜美的调味料。

依据虾的大小，可分别采用剥壳法或挤捏法出肉。

剥壳法适用于大型虾，如对虾、龙虾。其做法是从腹部先胸甲、后腹甲、再尾柄，分别剥去甲壳。

挤捏法适用于中、小型虾，如草虾、青虾、基围虾等。其做法是，左手捏住虾尾，右手捏住虾胸，向尾部挤压，摘下胸甲和第一腹甲，接着右手捏住尾柄，向前挤压，使虾肉从甲壳中脱出。

挤出的虾仁，因形体较小，无须挑去沙线，只要用清水浸漂搅洗至色白即可；剥出的虾肉，因形体较大，背部沙线（即肠）明显，需要挑去，否则将影响虾肉的色泽、质量以至口感风味。虾的出肉加工见图4-3。

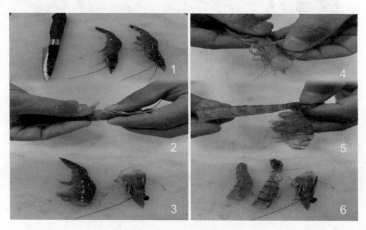

图4-3　虾的出肉加工

操作要求：

（1）根据虾的大小，采用正确的出肉方法。

（2）出肉干净，虾仁完整。

（3）壳不留肉，肉不带壳。

（4）壳、虾仁有条理地放在盛器中。

5. 蟹的出肉加工

螃蟹肉的加工是一个复杂的过程，因为它们的壳很坚硬且骨缝繁多，肌肉较多而不易固定，背甲和腹甲间的蟹黄或蟹脂也呈流动性。因此，只有通过蒸熟并使用一些专用工具，才能有效地实现拆解取肉。

　　蟹类品种也十分丰富，常见的海产蟹有梭子蟹、锯缘青蟹等，淡水蟹有中华绒螯蟹、溪蟹等。蟹在加工前，应将其静养于清水中，让其吐出泥沙，然后用软毛刷刷净骨缝、背壳、毛钳上的残存污物，最后挑起腹脐，挤出粪便，用清水冲洗干净即可。加热前可用棉线将蟹足捆扎，以防受热后蟹足脱落，保持完整造型。

　　螃蟹的整食性较强，持螯赏菊为千古美事，但整蟹的使用范围仍具有很大的局限性，如与虾一样，去壳拆肉，则可丰富蟹菜的品种。由于螃蟹骨缝较多与其肌肉的固体性质，拆肉十分困难，生拆不能达到目的，因此，必须采用熟拆方法。其步骤是：蒸熟→卸下步足→撬出腿节→摘下曲腹→开背壳→剔出上壳内脂肪与肌肉→剔去食胃→摘除胸肋上的肺叶→剔出肋间脂肪→将胸甲剪为左右两半→剖开胸肋成上下两半→剔去肋缝中肌肉→撬开螯足剔出肌肉→分别剪去步足关节→压或挑出足壁间肌肉→剖开曲腹去除肠道→剔出腹中肌肉→分装保管。蟹的出肉加工见图4-4。

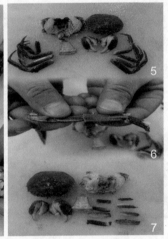

蟹的出肉加工

图4-4　蟹的出肉加工

操作要求：

不能混进碎的蟹壳。

拓展阅读

　　每年秋风飒爽之际，便是大闸蟹如潮水般上市之时。螃蟹洄游季节（寒露后至11月上旬）是吃螃蟹的最佳季节，这个时间段的螃蟹肉厚肥嫩，味美色香，为一年当中最鲜美。

　　自古以来，我国在饮食上就讲就季节时令的变化，"顺应四时，因季而食"是我国烹饪饮食文化的重要内容，对当代人的饮食生活也有着重要的指导意义。

　　餐饮工作者应钻研业务，加强对原料的认知，深入研究中华传统饮食文化的精髓，将季节饮食养生文化资源转变成推进餐饮业创新发展的动力。

6. 贝类出肉加工

（1）海螺或田螺。出肉加工分为生出肉和熟出肉两种。

1）生出肉加工。将海螺或田螺的外壳用器具敲碎，取出螺肉，揭去硬盖，摘去尾部，然后用刀刮去螺肉上的黑衣，将螺肉放入盛器内，加入少许食盐，揉搓片刻，洗去黏液即可。这种方法可用于灼螺片、炝螺片、拌螺片。

2）熟出肉加工。将海螺或田螺放在清水中洗涮，除去泥沙，随后投入冷水锅煮熟，捞出后用牙签将螺肉挑出，除去尾部，洗干净。将螺肉斩碎，拌入肉末以制作馅料，用于酿制菜肴的配料。

（2）蚌。用薄型小刀撬入两壳的夹缝中，然后让小刀前后移动，缝隙变大后，用手将壳掰开，用刀将闭壳肌割断，出软体，摘去杂物，用少量盐水洗涤，最后用清水漂洗干净，待用。

（3）生蚝（牡蛎）。用生蚝刀撬入两壳的夹缝中，生蚝刀移动到生蚝肉柱旁，用刀将肉柱切断，加入柠檬汁可直接食用。生蚝的出肉加工见图4-5。

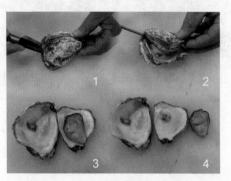

牡蛎出肉加工

图4-5　生蚝的出肉加工

三、鸡（鸭）剔骨加工

鸡（鸭）拆骨分为两种：一种是整鸡（鸭）拆骨，要求拆出全部大骨而仍保持鸡皮完整，里边可酿料；另一种是将鸡分块拆骨，即将鸡分成两个鸡翅、两条腿、一个鸡壳的拆法，主要目的在于取肉做鸡丁、鸡丝、鸡末、鸡茸。分块剔鸡（鸭）分四个步骤，具体如下。

（1）第一步：将鸡卸为四块，用刀在鸡背竖划一刀，深及骨头。随后，在两条鸡腿的上部，沿大腿走向划上一刀。手抓住鸡腿用力反扳，使鸡腿关节脱臼，用刀割断筋腱，接着用刀根按住鸡壳，左手抓住鸡腿，用力撕下。另一条腿的剔法相同。剔下两腿的时候，要注意用刀根挖一下背部正中的两个凹坑，剔出里边两块小肉。剔下腿后，用左手抓住鸡翅，用力向下扳，使翅关节突出显现，用刀割断关节中的筋腱，随后用刀根抵住关节处的鸡壳，用力撕下鸡胸脯，另一翅亦然。

（2）第二步：剔取胸脯肉。撕下四大块后，将鸡胸连带的翅膀用刀切下，即为无骨、带皮的胸脯肉。

（3）第三步：剔鸡腿。将后腿骨的皮肉翻开，使大腿关节外露，用刀绕割一周。割断筋腱后，将大腿骨抽出，拉至膝关节处时，用刀沿关节割下。再在鸡爪处横割一刀，将皮肉向上翻，把小腿骨抽出斩断。

（4）第四步：剔取鸡柳肉。鸡柳肉也叫鸡芽肉、鸡里脊，位于鸡胸里边，三角形胸骨的两侧。先用刀剔开鸡嗉处的一根"V"形骨，然后贴三角形胸骨的边上划一刀，用手将一条鸡柳肉拉下。再重复拉下第二条。鸡柳肉里有一条白筋，手指按住白筋的一端，刀口压在白筋上，用刀往外推，即可将白筋剔出。鸡腿去骨见图4-6。

鸡腿去骨

图4-6　鸡腿去骨

四、剔鸭掌

（1）鸭掌剥去外皮，洗净，用盐搓去黄渍，再用滚水略烫即捞出，然后用冷水浸凉。

（2）左手执鸭掌（掌背朝上），右手执胫骨，并将胫骨与鸭掌连接部分扭断，将胫骨顺着退出。

（3）拆趾骨。左手执趾骨上端，右手将趾骨关节拗断，使骨露出，将第一节趾骨抽出，接着抽第二节趾骨、第三节趾骨，直至抽完（鸡脚剔法与此相仿）。也有用刀起骨的。

单元二　整料出骨

为烹制出用料精细、造观美观的菜肴，厨师常要将鸡、鸭、鱼等整只（条）原料进行整料出骨。这一技术要求在保持原料原有完整形态的情况下，将整只原料中的全部或主要骨骼剔出。整料出骨有助于制作出结构美观的菜肴，同时也提高了菜肴的口感，极大地拓展了厨师的烹饪技法。

一、整料出骨的作用

1. 易于成熟入味

原料中有很硬的骨骼，烹调时往往对热的传递和调味品的渗透起着一定阻碍作用，特别是在腹内瓤有馅料时，更为明显，所以应将其剔除。

2. 形态美观，便于食用

经整料出骨的鸡、鸭、鱼等原料，由于去掉了坚硬的骨骼，成为柔软的食材，便于改变它的形态，制成精美菜肴，如葫芦鸭子、八宝鸡、荷包鲫鱼等。成菜后无骨骼的影响，取食就很方便了。

二、整料出骨的要求

1. 选料精细

作为整料出骨的原料，要求质地精细，因此必须精选尺寸合适、生长肥壮的家禽和水产品原料。鸡应选用一年且未产蛋的母鸡，而鸭、鱼则应以 1 500g 重的母鸭，或 500 ～ 700g 重的肉质肥厚的鲤鱼、鳜鱼、黄鱼等为佳。这种原料质地既不老也不太嫩，表皮的弹性、韧性都较好，制作出来的菜肴既结构美观，也提高了菜肴口感与鲜香程度，拓展了厨师的烹饪技法。

2. 要求初加工符合条件

凡选择好用于出骨的整只原料，都须先经宰杀。宰杀要求一般有以下三点。

（1）宰杀时都必须放尽血液，以免皮肉遭其污染，导致色败，影响成菜质量。

（2）禽类宰杀后烫毛的水温应适宜，时间亦要适当掌握，否则出骨时它的皮易破裂。鱼类在刮鱼鳞时不可伤皮，以免影响质量。

（3）整只原料出骨，均不剖腹取内脏，在整只出骨的操作中，鸡、鸭可随着躯干骨骼，一并取出内脏；鱼可取下脊椎骨后挖出内脏，或先挖鳃，后从鳃孔处出内脏，再行出骨。

3. 出骨下刀正确，不破损外皮

出骨时要熟悉其各部位的结构状况及部位特征，刀路正确并应紧贴骨骼进行剔剐，要求骨不带肉，不破损外皮，出骨过程中，注意刀刃、刀背、刀尖的结合运用，交叉变换，不能使肉上夹带碎骨，以免影响食用。

单元三　常见原料的整料出骨

一、整鸡出骨

整禽去骨的主要原料包括鸡、鸭等，出骨的方法大体上相同，关键在

整鸡脱骨

于皮面完整，刀口正常，不破不漏，过嫩、过肥、过瘦的原料都不利于加工。整禽去骨的最终目的是在其内填入馅心，经加热即可呈现出饱满、美观的外形。馅心多数情况下会使用八宝馅——将荤素原料合理搭配，例如干贝丁、熟火腿丁、海米丁、海参丁、鱿鱼丁、虾仁粒、墨鱼粒、鸡胗丁、鸡肉丁、猪肉丁、蹄筋丁、猪肚丁、猪舌丁、鸭胗丁、叉烧肉粒等，用调料拌和，炒成馅心即可使用。完成去骨后，整禽可以采用砂锅煨、炸、蒸等封闭烹饪的方式烹调，最后装盘即可食用。

整鸡出骨的流程如下：

1. 划开颈皮，斩断颈骨

在鸡颈和两肩相交处，沿着颈骨直划一条长约 6cm 的刀口，从刀口处翻开颈皮，拉出颈骨，用刀在靠近鸡头处，将颈骨斩断，需注意不能碰破颈皮。

2. 去前翅骨

从颈部刀口处将皮翻开，使鸡头下垂，然后连皮带肉慢慢往下翻剥，直至前肢骨的关节（即连接翅膀的骱骨）露出后，可用刀将连接关节的筋腱割断，使翅骨与鸡身脱离。先抽出桡骨、尺骨，然后再抽翅骨。

3. 去躯干骨

将鸡放在砧板上，一手拉住鸡颈骨，另一手拉住背部的皮肉，轻轻翻剥，翻剥到脊部皮骨连接处，用刀紧贴着前背脊骨将骨割离。再继续翻剥，剥到腿部，将两腿向背部轻轻扳开，用刀割断大腿筋，使腿骨脱离。再继续向下翻剥，剥到肛门处，把尾椎骨割断（不可割破尾处皮），这时鸡的骨骼与皮肉已分离，随即将躯干骨连同内脏一同取出，将肛门处的直肠割断。

4. 出后腿骨

将后腿骨的皮肉翻开，使大腿关节外露，用刀绕割一周。割断筋腱后，将大腿骨抽出，拉至膝关节处时，用刀沿关节割下。再在鸡爪处横割一刀，将皮肉向上翻，把小腿骨抽出斩断。

5. 翻转鸡肉

用水将鸡冲洗干净，要洗净肛门处的粪便，然后将手从颈部刀口伸入鸡胸腔，直至尾部，抓住尾部的皮肉，将鸡翻转，仍使鸡皮朝外，鸡肉朝里，在形态上仍成为一只完整的鸡。

操作要求：

（1）出骨方法正确，保持原有形态。

（2）鸡皮完整，无破口；表皮干净，无鸡绒毛。

（3）出骨干净，骨架完整；骨不带肉，肉不夹碎骨。

（4）骨架与出骨的鸡有条理放置。

（5）出现下列情况之一，为不合格。

1）表皮出现 2cm 以上 3 处破口。

2）6 处以上破口。

3）整料出骨的开口处超过 10cm。

4）骨架带肉过多。

5）主要骨骼 1/3 未出。

鲈鱼整出骨

二、整鱼出骨

整鱼出骨是一种特殊的技艺，它将鱼体中主要的骨组织完整地去除，而保留鱼体本身的外形完整性。整鱼出骨可以用来制作许多中高档菜肴，如"脱酿黄鱼""脱骨八宝鳜鱼""三鲜脱骨鱼"等，它们都是通过将整条鱼完整地去骨，在其中添加馅心后进行熟制而成的。因此，整鱼出骨是一种不可或缺的烹饪工艺，可以给消费者带来诱人的口感体验。

1. 出脊椎骨

将鱼平放在案板上，鱼头朝外，脊背向右，左手按住鱼腹，右手持刀自鱼的脊背处横批进去，直到尾部批开一条长刀口，批过脊椎骨，将脊椎骨同胸骨连接处割断。用同样的方法将另一侧的脊椎骨与胸骨割断。接着将靠近鱼头和鱼尾处的脊椎骨斩断或用手拗断，拉出，但要求鱼头、鱼尾仍与两侧的鱼肉相连。

2. 出胸肋骨

将鱼平放在菜墩上，鱼头朝外，仍然是鱼腹朝左，鱼背朝右。翻开鱼肉，使胸骨露出根端，将刀略斜，紧贴胸骨往下片进去，使胸骨（鱼刺）脱离鱼肉。用同样的方法将另一侧胸骨片去后，中段无骨，再将鱼身合起，仍然保持鱼的完整形态。

操作要求：

（1）鱼须选新鲜、重量适中者，去鳞不能破鱼皮。

（2）去骨用尖刀，其刀形尖而长，呈三角形，利于伸入鱼腹去骨。

（3）去骨要谨慎，紧贴骨。去肋骨尤要小心，勿戳破鱼腹。

（4）出骨方法正确，保持原有形态。

（5）鱼皮完整，无破口，鱼表皮干净，无鱼鳞。

（6）出骨干净，骨刺完整，骨不带肉，肉不夹碎骨刺。

（7）剔出的骨架与出骨的鱼有条理放置。

（8）出现下列情况之一，为不合格。

1）表皮出现 1cm 以上 2 处破口。

2）4 处以上破口。

3）骨刺带肉过多。

4）骨刺 1/3 未出。

模块小结

本模块介绍了原料剔骨分档出肉技术要求、水产品的出肉加工、鸡（鸭）剔骨加工、剔鸭掌、整料出骨的作用与要求、整鸡出骨和整鱼出骨。剔骨分栏出肉技术可实现快速、准确、卫生的分档，提高肉品品质。

同步练习

一、填空题

1. _____是指对经过宰杀等初加工的动物胴体，进行骨肉分离、清理杂质，并根据肌肉组织结构的不同，按照质量、体积、清洁度等要求，结合后续加工工艺，进行分档切割。

2. 如果要做花色菜，如"八宝酿鱼""口袋鱼"等，则要使用_____。

3. 用刀将鳝鱼从喉部向尾部剖开，去内脏，洗净抹干，再用刀尖沿椎骨剖开一长口，使脊部皮不破，然后_____，去头尾即成鳝鱼肉。

二、单项选择题

1. 依据虾的大小，可分别采用（ ）或挤捏法出肉。

    A．烹调法   B．剥壳法   C．去皮法   D．去毛法

2. 将海螺或田螺的外壳用铁器敲碎，取出田螺，揭去硬盖，摘去尾部，然后用刀刮去螺肉上的黑衣，将螺肉放入盛器内，加入少许食盐，揉搓片刻，洗去黏液即可。这种方法属于（ ）。

    A．生出肉加工   B．熟出肉加工   C．剥壳法   D．挤捏法

3. （ ）用薄型小刀撬入两壳的夹缝中，然后让小刀前后移动，缝隙变大后，用手将壳掰开，用刀将闭壳肌割断，出软体，摘去杂物，用少量盐水洗涤，最后用清水漂洗干净，待用。

    A．蛤蜊   B．象拔蚌   C．蚌   D．鳕鱼

4. 将熟鳝鱼背朝外，腹朝里，头左尾右，平放于案上，左右捏住鱼头，右手捏住划鳝鱼的刀（为骨制，尖刀窄身），从颌下腹侧入刀，顺椎骨向右移动，划开鱼体成腹、背两片，再用相同的方法将椎骨一侧划开，接着划出椎骨。脊背完整的叫（ ）。

    A．双划背   B．整料出骨   C．剥壳法   D．单背划

5. 为烹制出用料精细、造型美观的菜肴，常常要将鸡、鸭、鱼等整只（条）原料进行（ ）。

    A．出骨加工   B．整料加工   C．整料出骨   D．调味加工

三、简述题

1. 原料剔骨有哪些技术要求？

2．黄鳝的出肉加工方法有哪些？

3．整料出骨的作用有哪些？

4．简述鸡整料出骨流程。

5．简述分块剔鸡（鸭）的步骤，并说明其各部位在中餐中的应用。

《实训项目》

实训任务：整鸡去骨。

实训目的：掌握整鸡去骨的方法和技巧。

实训内容：

1．知识准备

整料去骨（或者出肉）是指将整只（条）的动物性烹饪原料中的骨骼（根据所烹制的菜肴要求，去除全部或部分骨骼）剔除，而仍保持原料原有完整形态的一种出肉加工方法。经过整料去骨的烹饪原料便于入味，易于成熟，造型美观，食用方便。

2．整料去骨的要求

（1）合理选料。应根据烹调和食用的要求合理选料。整料去骨的烹饪原料应视烹调和食用的要求，选择新鲜，大小适中，肉质薄厚、老嫩适宜的原料，以确保烹饪原料去骨加工整理过程的顺利进行。

（2）下刀准确。出骨下刀要准确，保护外形（肉皮）不受损失。应选取经初加工且符合整料去骨要求的烹饪原料。去骨时按原料的组织结构，做到下刀准确，骨骼要去除干净，且不破坏原料的外表（外形），以确保成品菜肴质量。

3．网络调查

通过网络搜索整鸡去骨的相关知识。

实训要求：

学生完成整鸡去骨任务，教师根据学生任务完成情况打分并将分数填入技能考核评分表，样表见表4-1。

表4-1　技能考核评分表

姓　　名	原料名称	考 核 标 准				合　　计	备　　注
		仪容仪表（20分）	操作卫生（30分）	原料完整度（30分）	骨骼除尽度（20分）		
学生A	整鸡						
学生B	整鸡						
学生C	整鸡						
...	...						

模块五

干货原料的涨发

单元一　干货原料涨发概述

一、干货原料涨发的概念和意义

干货原料是鲜活原料经过脱水处理制成的原料，主要是为了防止微生物的繁殖和腐败变质，从而方便储存和运输。干制加工方法有很多种，比如冷风干燥、晒干、烘干、用草木灰焅干、盐腌再干制、盐水煮干后再干制等。不同的干制方法会影响原料的性质，如硬度、老化程度、韧性等。因此，发料时的涨发率也有所不同。例如，冷风干燥的干货原料可以保持原料的色泽、风味和品质，晒干法处理后的干货原料更为坚硬，而烘干后的干货原料色泽和口感更好。草木灰焅干的原料会有灰烬杂质，石灰焅干的原料则带有较大的苦涩味，并且营养成分也被严重破坏。至于盐腌或盐水煮后再干制的原料，其硬度较大，涨发率较低。

总之，干货原料是通过加工处理后得到的，具有不同的特点和涨发率。因此，在选择和使用干货原料时，需要根据实际情况和需要进行选择和搭配，以达到更好的烹饪效果。

1. 干货原料涨发的概念

干货原料涨发（又称"发料"）是用不同的加工方法，使干货原料重新吸收水分，最大限度地恢复其原有形态和质地，同时除去原料中的杂质和异味，便于切配、烹调和食用的原料处理方法。

2. 干货涨发的意义

经过合理涨发，使干货原料重新吸收水分，最大限度地恢复原有的鲜嫩、松软的状态，体现其使用价值和特有的食用价值。

除去原料本身带有的腥臊气味，去掉杂质，既便于切配烹调，又合乎人们的食用要求，增加了原料的风味和口感，有利于人体的消化吸收。

拓展阅读

干货原料的制作工艺和食用方法有着悠久的历史。干贝、干蘑菇等干货食材的制作需要经过多道工序，如挑选、清洗、晾晒、烘干等，这些工序需要耐心和技巧，体现了中国传统文化中"精益求精"的精神。

同时，干货食材也是中国传统饮食文化的重要组成部分。在中国传统饮食中，干货食材被广泛应用于各种菜肴和汤品中，如干贝瑶柱炒饭、干蘑菇炖鸡汤等，这些美食佳肴不仅味道鲜美，更是中华优秀传统饮食文化的重要代表。

二、干货原料涨发的种类及要求

1. 干货原料涨发的种类

（1）吸水膨润法（水发）。

1）冷水发，包括浸发、漂发。

2）热水发，包括泡发、煮发、焖发、蒸发。

（2）干热膨化法。

1）油发。

2）盐发。

（3）其他涨发法。

1）碱发。

2）火发。

2. 干货原料涨发的要求

干料涨发操作过程比较复杂，技术性较强，要想把干货原料发好，要求做到以下几点。

（1）熟悉原料的产地和品种性质。只有熟悉干货原料的产地、种类、性质，才能采用合理的涨发方法，达到符合要求的效果。因为同一品种的干货原料，由于产地不同，其品种性质也有所差异。如灰参和大乌参同是海参中的佳品，但因其性质不同，灰参一般采用直接水发的方法，大乌参则因其皮厚坚硬，需先用火发，再用水发。山东产的粉丝用绿豆制成，耐泡；安徽产的粉丝用甘薯粉制成，不耐泡。

（2）能鉴别原料的品质性能。各种原料因产地、季节、加工方法不同，在质量上有优劣之分，质地上有老、嫩、干、硬之别。准确判断原料的等级，正确鉴别原料质地，是涨发干货原料成败的关键因素。如海参有老有嫩，只有鉴别其老嫩，才能选择正确的涨发方法，掌握合适的涨发时间，以保证涨发的质量。

（3）认真按程序操作。涨发过程一般分为原料涨发前的初步整理、涨发、涨发后的处理三个步骤。每个步骤的要求、目的都不同，它们相互联系，相互影响，相辅相成，无论哪个环节失误，都会影响涨发效果。

单元二　干货原料涨发的方法

干货原料涨发的方法，按发制的原料和原料物理性状的变化，可分为吸水膨润法、干热膨化法和其他涨发法三大类。图5-1～图5-5分别为干海参、干蹄筋、干鲍鱼、干花菇和干鱼翅。

鱼翅的涨发

 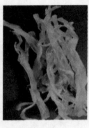   

图 5-1　干海参　图 5-2　干蹄筋　　图 5-3　干鲍鱼　　　图 5-4　干花菇　　图 5-5　干鱼翅

一、吸水膨润法

吸水膨润法是指用水来浸泡干货原料，使水沿着水分蒸发通道（呈毛细血管状）进入干货体内，在水的渗透扩散作用下，使干货体积逐渐膨润并变得软韧，基本上恢复原状的涨法方法。吸水膨润法就是我们常见的水发，它是一种最基本、最常用的发料方法。即便是油发、碱发、火发、盐发，也必须水发后才能达到最终目的。吸水膨润法具体分为两大类。

1. 冷水发

冷水发就是把干货原料放在冷水中，使其自然地吸收水分，最大程度恢复原有形体、质地，同时除去杂质、异味的方法。此法能保持原料的鲜味和香味。冷水发有浸发和漂发两种。

（1）浸发。就是把干货原料浸入冷水中，使其缓慢吸水涨发。涨发的时间应根据原料的大小、老嫩和软硬程度而定。形小质嫩的时间短些，形大质硬的时间长一些。有的因浸发的时间长，为避免原料在浸发过程中腐败变质，要多次换水。

浸发一般适用于形小、质嫩的原料，如香菇、竹笋、木耳、金针菜（黄花菜）、海带、海蜇、花菇等原料。此法还常用于配合和辅助其他发料方法涨发原料，如油发、碱发、盐发后的原料，清洗后仍有腥味及碱、盐等，需用冷水浸泡，以除尽异味及其他成分，使其吸水回软。又如海参，须在发料前后用冷水浸泡。

（2）漂发。就是把干料放在冷水中，用手不断挤捏或用工具使其漂动，将附着在料上的泥沙、杂质、异味等漂洗干净。无泥沙、有异味的原料可用流水缓缓地冲漂，以除异味。

2. 热水发

热水发就是将干货原料放在热水中、蒸汽中（可用各种加热方法），利用热的传导作用，使水分子和原料体内分子加速运动，加快吸收水分，加快涨发的方法。绝大部分动物干料及部分植物原料，都要经过热水涨发。由于品种不同，应根据原料性质采用不同的水温和加水形式。热水发有泡发、煮发、焖发、蒸发四种。

（1）泡发。泡发是指把干货原料直接放入热水中浸泡，不再继续加热，使原料缓慢涨发的方法。操作中应不断更换热水，以保持水温。此法适用于体小、质嫩的干料，如银鱼、海带、腐竹、粉丝、燕窝等。适用于冷水浸发的干料，也可以用热水泡发。

（2）煮发。煮发是指把干货原料放入水中，在火上加热，使水温持续保持在沸腾的状态，促使原料加速吸水的方法。此法适用于体形大、质地坚实、带有浓重异味、不易吸水涨发的原料，如玉兰笋、海参、鱼皮、鲍鱼、蹄筋等。煮发好的海参见图5-6。

（3）焖发。焖发是煮的后续过程。某些原料不能一味地用煮发方法进行涨发，否则会使外部组织过早发透，外层开烂，而内部组织仍未发透，影响涨发后的原料的品质。煮发到一定程度，应降低火力，使水保持较高温度而不沸腾的状态，进行长时间的持续加热（器皿要加盖，最好使用砂锅等非金属器皿），促使干料内外均匀吸水膨胀，以达到涨发程度一致的目的。此法适用于体形大、质地坚实、异味较重的干料，如驼掌（蹄）、牛筋、某些海参，以及鲜味充足的鲍鱼和淡菜。

焖发好的鲍鱼见图5-7。

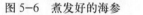

鲍鱼的涨发

图5-6　煮发好的海参　　图5-7　焖发好的鲍鱼

（4）蒸发。蒸发是指把干货原料放入一定的盛器中，加入适当的调料和上汤，放入蒸锅，利用蒸汽的穿透作用加速水分吸收，达到迅速涨发的目的。蒸发也可以作为煮发、焖发的后续过程，在煮或焖透后，除掉杂质、异味，用蒸发的方法可进行增味，并保持原料的形态和风味。此法适用于煮、焖不透的原料以及质地坚实、形体较小、鲜味充足或无任何滋味的干货原料，如干贝、雪蛤膏（蛤士蟆油）、燕窝、莲子、大虾干等。

热水发料是一种应用广泛的发料方法。应根据原料的性质、品种，采用不同的水温和涨发形式。可采取一次性的形式，也可以采取多次反复和不同的方法合用的形式。此法加工的原料已成为半熟、全熟的半成品，经切配后就可以烹调成菜，因此对菜肴的质量影响很大，涨发过度则质软烂，不美观；涨发不透则僵硬，无法食用。只有了解原料的性质，掌握好发料的时间、火候，才能获得较好的发料效果。

二、干热膨化法

干热膨化法是指将原料投入传热介质（油、盐）中，骤然受热使原料内部聚集在组织空间的水发生汽化，组织内部的压力增大到一定程度，冲破组织外逸，破坏了原料的原始组织结构，使体积膨胀，原料所含的部分油脂排出，使质感膨胀松脆，成为膨化结构（内部呈蜂窝状态）的料质状态的一种干货涨发法。

此法必须与水发法结合起来，才能发制出质地符合食用要求的原料。具体分为两大类，即油发和盐发。

1. 油发

油发就是把清洁的、干燥的干货原料放入适量的油中，与油同时加热，使蛋白质胶体颗粒受热膨胀，从而使干货原料的形体膨胀的方法。操作方法：将干燥、清洁、无杂质、无异味的原料直接下入适量的凉油或温油（60℃为限）锅中，缓慢加热，使原料浸发至回软。对于小形体（料形）的干料，在此基础上，可升高油温，将原料炸至体积膨胀。对于大形体（料形）的干货原料，在油中浸泡回软后，可改刀成小块，再升油温，将原料炸至体积膨胀。

鱼肚的涨发

油发过程中，根据原料涨发的程度，灵活掌握火候。如果下锅时油温过高，加热过程中火太旺，会导致外部焦化、里面发不透。如原料逐渐鼓起，说明原料在膨胀中，这时端离火源，或用微火保持油温，让原料渐渐里外发透。油发过程中，会使原料增加大量的油污，使用前应用食碱溶液浸漂脱脂，并在碱溶液中进一步涨发，恢复质地再用火发的方法，浸漂除碱性。油发适用于鱼肚、蹄筋、干肉皮等原料。

油发好的鱼肚见图5-8。

2. 盐发

图 5-8　油发好的鱼肚

盐发是指把干货原料放在已炒热的盐中加热，利用盐的传热作用，使富含蛋白质的胶体颗粒膨胀，从而使原料膨胀松脆的一种发料方法。盐发的原理、处理方法、适用的原料都与油发相同，但盐发传热慢、时间长，对原料的形态、色泽都有影响，不如油发。

三、其他涨发法

其他涨发法主要是利用某些物理和化学原理，将原料的某些物理性质（如组织结构）、化学性质（如蛋白质）加以改变，便于吸水膨润，结合水发从而完成干货原料涨发的方法。其他涨发法主要有碱发和火发。

1. 碱发

碱发是一种特殊的发料方法，与水发有密切的关系，是将干货原料先用清水浸泡，然后放入碱溶液中，或沾上碱面，利用碱的脱脂和腐蚀作用，使干货原料膨润松软的一种发料方法。碱发适用于鱿鱼、海螺、赤贝、牛蹄筋的涨发。此法有碱水发和碱面发两种。

（1）碱水发。将清水浸软的干货原料放入食用碱溶液里，使其涨发回软，发透后用清水漂浸，退净碱性。

（2）碱面发。将在清水中浸泡回软的干货原料剞上花刀，切成块后沾满食用碱面，使用前再用开水冲烫，待其成形后，再用清水漂洗净。此法的优点是沾有碱面的原料可存放较长时间，随用随发，涨发方便。

碱发是一种特殊的发料方法，与水发比，碱发可以缩短涨发时间，但会造成部分营养和肉质受损，因此在碱发过程中应掌握以下几点：

1）在放入碱面和碱水之前应用清水浸泡回软原料，以缓解对原料的直接腐蚀。

2）根据原料的性质（老、嫩）和季节的变化，适当调整碱溶液的浓度和发料的时间。碱溶液过浓则破坏组织成分，过稀则原料发不透。

3）碱发后的原料要用清水漂洗，以清除碱分和腥味。

2. 火发

所谓火发，并不是用火将原料直接发透，而是某些特殊干货原料在进行水发前的一种辅助性加工方法。主要是利用火的烧燎，除掉干货原料外表的绒毛、角质和钙化的硬皮。烧燎中要注意适度掌握烧燎的程度，边烧燎边刮皮，以防烧燎过度，损伤干货原料内部的组织成分，降低干货原料的使用价值和食用价值。此法适用于驼峰、乌参、岩参、白玉参等。

单元三　常见干货原料涨发训练

一、水产干制品的分类

不同的烹饪原料干制加工过程不完全相同，对干制品的复水及风味有较大影响。水产干制品按加工处理的方法分三类。

（1）直接干制的生干品，如鱿鱼、墨鱼、章鱼、鱼卵、鱼肚、海参、海带、虾片等原料，体小、肉薄、易干燥，不经盐渍或煮熟处理而直接干制，由于原料组织的成分、结构和性质变化较少，故复水性较好，另外原料组织中的水溶性物质流失少，能保持原有品种的良好风味。

（2）煮熟后再干制的熟干品，如蚝豉（牡蛎干）、鲍鱼、蛏干、淡菜（贻贝干）、虾皮、鱼干等干料。新鲜原料经煮熟后（既可加 5%～10% 的盐水煮，也可以先盐渍后再水煮）再进行干燥，这样有利于原料脱水，并使制品具有较好的味道和颜色。熟干品质量较好，贮藏时间长，食用方便。但经水煮后，一部分水溶性物质流失到汤汁中，影响了干品的风味和生成率。此外，原料中的蛋白质凝固和组织收缩，导致干燥后制品的复水性差，组织坚韧，不易咀嚼，外观也不好看。

（3）腌渍后再行干燥的盐干品，如盐干带鱼、黄鱼鲞、鳗鱼鲞等。盐干法特别适合大中型鱼类，来不及处理或因天气条件无法及时干燥的情况也可采用盐干法。

二、干货原料的复水性与复原性

原料的干制方法多种多样，如晒干、风干、烘烤干制、空气对流干制、冻干、真空干制等。干制方法虽然多样，干制时原料的变化却大致相同，如干裂、干缩、表面硬化、干料内形成多孔性，这些变化使原料具有不同程度的干、硬、老、韧等特点。此外，干燥或多或少都会带来成分变化，从外观看，色调、质地受到不同程度的破坏；从化学角度看，将会损失一些营养成分。由于干制原料复水后恢复原来新鲜状态的程度是衡量干制品品质的重要指标，因此这里重点说明与干料涨发有关的复水性与复原性问题。

干制原料一般都在复水（重新吸回水分）后才食用。干制品的复水性就是新鲜食品原料干制后能重新吸回水分的程度，常用干制品吸水增重的程度来衡量，烹饪行业中用涨发率表示。干制品的复原性就是干制品重新吸水后重量、大小、形状、质地、颜色、风味、成分，以及其他各个方面恢复原来新鲜状态的程度。

干制原料的复水性一方面受原料加工处理的影响，另一方面因干制方法而有所不同，如直接干制的干品复水性较好，煮熟后再干制的干品复水性较差；冻干制品复水迅速，基本上能恢复原来的一些物理性质，而其他干制方法复水性差；干料内形成多孔性有利于复水，原料干缩、蛋白质变性则不利于复水。总的来说，干制品复水后不会完全恢复到原先的模样，这是因为干制加工过程中发生了一些不可逆的变化。

1. 物理变化

原料干缩变化是干制时最常见、最显著的变化之一。原料细胞失去活力后，仍能不同程度地保持原有的弹性，但受力过大、超过弹性极限，即使外力消失，也难以恢复原来的状态。干缩正是物料失去弹性时出现的一种变化。有些细胞和毛细管萎缩和变形等物理变化也会导致干制原料复水性下降。

2. 化学变化

动物性干料的天然蛋白质空间结构中有规律地排列着水分子。当干燥或脱水后，自由水首先脱离束缚，此时对蛋白质影响不大，如果脱水条件再强烈一些，部分结合水可能也会脱离蛋白质的束缚，这样一来，就会使蛋白质的肽链发生位移，宏观上表现为蛋白质变性，从而造成制品坚硬固结，复水性降低。同时，烹饪原料失去水分后，盐分浓度增大和热的影响也促使蛋白质部分变性，失去了再吸水的能力或水分相互结合的能力，同时还会破坏细胞壁的渗透性，细胞受损后，在复水时就会因糖分和盐分流失而失去保持原有饱满状态的能力。这些变化降低了干制原料的吸水能力，达不到原有的水平，同时也改变了烹饪原料的质地。

三、水发

香菇的涨发　　木耳的涨发　　花菇的涨发

1. 香菇的涨发（冷水发、浸发）

（1）原料：香菇 500g。

（2）操作过程：浸发→去根→洗净。

（3）操作步骤：将香菇浸泡在水中待其涨发回软，内无硬茬时，剪去香菇根蒂，洗去泥沙杂质即可。

（4）注意事项：尽可能不用开水泡发，以免香菇特有的鲜、香气味流失。

香菇涨发出成率为 1:4 左右。

2. 海蜇皮的涨发（冷水发、漂发）

（1）原料：海蜇皮 500g。

（2）操作过程：浸发→去黑皮→漂洗。

（3）操作步骤：先用冷水将海蜇皮浸发 1 天后捞出，刮去血筋、黑膜，放入水中边冲边洗，用手捏擦，直至沙粒去净，再放至清水中浸泡一定时间，并经常换水，直至漂去盐分，涨发至软嫩状态即可。

3. 海参的涨发

（1）海参涨发方法。清代袁枚在《随园食单》中强调海参要提前发制，"大抵明日请客，则先一日要煨，海参才烂。"清代丁宜曾在所著的《农圃便览》中介绍说："制海参，先用水泡透，磨去粗皮，洗净剖开，去肠，切条，盐水煮透，再加浓肉汤，盛碗内，隔水炖极透，听用。"这种先水发，再用肉汤二次加热的发制方式，在过去甚为流行。发制好的海参体态膨胀，吸水充足，肉质松软，但没有特异的美味，必须与富含美味的原料及调味料搭配烹调，才能制作出上乘的海参菜肴。海参的品种较多，现在采用的涨发办法主要有两种。

1）先炙皮，后水发。适用于皮坚肉厚型的海参，如大乌参、岩参、灰参、白石参等，应少煮多焖。先用中火将海参外皮炙到焦黑发脆（用火钳夹住烧烤或放漏勺上以明火烧灼），用刀刮去焦皮，直至见到深褐色的肉质，冷水浸软，文火焖 2 小时，取出开肚去肠，不要碰破腹膜，冷水浸泡 4 小时，冷天则需 1 昼夜，再煮 1～2 小时直到质地软嫩时取出，随好随取，直到全部发完后置于冷水中浸泡待用。

2）直接连皮发。适用于皮薄肉嫩的海参，如红旗参、乌条参、花瓶参，应少煮多泡。先用清水浸泡 2 小时，再用沸水焖约 3 小时，拣出体较软的，剪开肚皮，用大拇指顺着海参内壁推出肠脏，洗去泥沙，干净后即可烹调。尚未软者，则再入锅煮开，捞出，继以沸水浸泡至软，开肚去肠。

海参发成后，应饱满、滑嫩，两端完整、内壁光滑、无异味。

涨发率与品种有关，如刺参每 500g 干品出料 3 500～4 000g；白石参每 500g 干品出料 2 500g 左右；梅花参每 500g 干品出料 2 500～3 000g。

（2）海参的涨发操作（热水发、煮发）。

1）原料：明玉参 500g。

2）操作过程：浸发→煮发→剖腹洗涤→煮发→焖发→浸发。

3）操作步骤：将海参放入清水中浸泡 12～24 小时，放入冷水锅中煮沸（见图 5-9、图 5-10），然后离火焖至水温冷却，剖腹取肠（见图 5-11），洗净，再用清水煮沸，离火焖至水温冷却。如此反复煮焖，直至海参软糯有弹性即可捞出，清水漂净，浸泡备用。

4）注意事项。发制时所用的容器、水，都不能沾有油、盐、碱。油、碱会腐蚀原料，盐会使蛋白质凝固，发不透。剖腹去肠时不要碰破腹膜，以保持原料完整。涨发过程中要常换水、常检查，随时将已发透的海参捞出，防止发制过度，发烂破碎。

海参的涨发出成率为 1:6 左右。

图 5-9　加水浸发　　　　图 5-10　加热煮沸　　　　图 5-11　剖腹取肠

4. 莲子的涨发（热水发、蒸发）

（1）原料：莲子 200g。

（2）操作过程：去皮→去心→蒸酥。

（3）操作步骤：将莲子倒入食用碱开水溶液中，用硬竹刷在水中搅搓冲刷，待水变白时再换水，刷 3～4 遍，莲子皮脱落，呈乳白色时捞出，用清水洗净，滤干水分后，削去莲脐，用竹签去莲心，上笼蒸酥即可使用。

（4）注意事项。去皮前，要备好足量的开水，搓刷动作要快，不能太用力。蒸发过程中，火不宜过大，适当掌握时间，做到酥而不烂（开花），以保持外形完整。蒸发时不可放糖、盐，以防莲子僵硬。

莲子的涨发出成率为 1:3 左右。

5. 干贝的涨发

（1）原料与器材：干贝 50 克，葱、姜、料酒各少许，泡碗 1 只，炒锅 1 只，笼屉 1 副（套）。

（2）操作步骤：浸洗→蒸发→浸渍。

1）干贝放碗中加冷水泡约 20 分钟后洗净表面灰尘，除去筋质（干贝外层边缘不宜食用的芽子）。

2）碗中加清水及葱、姜、料酒。

3）炒锅上火，加水烧沸后放上笼屉，将碗放入笼内蒸 1.5～2 小时（蒸至用手能捏成丝状）取出，用原汤浸渍待用。

（3）操作要求。

1）泡洗干贝时要洗净表面灰尘，并除尽筋质。

2）干贝要加葱、姜、料酒、鲜汤上屉蒸回软，蒸发至可用手指捻成丝状方可取出。

3）在蒸发一些缺乏鲜味的高级干货时，除加葱、姜、料酒外，亦可添加高汤以及鸡腿、火腿之类的原料，以达增香添鲜的目的，如蛤士蟆、乌鱼蛋等。

四、碱发

1. 碱水发鱿鱼

干鱿鱼放在盆内，用水浸泡 3 ～ 5 小时（冬天用温水，夏天用凉水），鱼体变软后，撕下头须，去除明骨及背面的膜，从中间切开，再成 3.3cm 见方的块，放入搪瓷或陶瓷盆内。加食用碱和适量清水，上压一盘子，使鱿鱼全部浸入碱水内，浸 6 小时左右，冲入开水，用筷子和匀，并保持碱水温度在 80℃，焖发约 1 小时（焖发鱿鱼的水温始终不能超过 100℃），鱿鱼将初步涨发，此时倒去涨发碱水约 1/3，复冲入等量的开水，再焖发约 1 小时后，水温保持在 80℃。第三次加开水焖发后，用筷子轻轻翻看，鱿鱼基本涨发，将质软嫩、色乳白、近似半透明状的鱿鱼挑出，放在另一开水盆中。质地较老、色发暗、不明净的鱿鱼仍要继续进行涨发，水温保持在 80 ～ 90℃。1 小时后仍按上述方法检查，挑出发好的鱿鱼，没有发好的仍按上述方法焖发，直至全部发好。食用前，以大量的开水反复除去碱质。

（1）原料与器材：干鱿鱼 250g，食用碱 125g，陶钵 1 只。

（2）操作步骤：浸泡（回软）→碱发→漂洗。

1）干鱿鱼放入陶钵内，加清水泡至回软捞起待用。

2）将 125g 食用碱放入陶钵内，加约 2 500g 清水搅拌，使成 5% 食用碱溶液。将 250g 干鱿鱼放入陶钵内（水要没过鱿鱼），浸泡 4 ～ 6 小时后，即可涨大，捞起。

3）陶钵内加清水，放入鱿鱼浸漂约 20 分钟，再换清水漂洗，如此反复，直至碱液漂尽（用手触摸，鱿鱼表面没有滑腻感，肉质结实且有弹性），放在清水中备用。

（3）操作要求。

1）在浸发时应预先将干鱿鱼用清水浸至回软，以免碱水直接腐蚀鱿鱼体表。

2）由于鱿鱼个体的大小、老嫩、厚薄各不相同，在浸发时要经常翻动，检查鱿鱼，已涨发透的要及时捞出，以免发过，影响成品质量。

3）漂洗时，鱿鱼体内的碱液要漂尽。

4）碱发的关键是碱液的浓度、温度、涨发时间和操作方法，稍有不慎，都将严重影响涨发的质量，如碱溶液浓度过低，干料发不透；浓度过高，腐蚀性又太强，轻则造成腐烂，重则报废。

2. 碱面发鱿鱼

（1）原料：鱿鱼 500g。

（2）操作过程：浸发→剞花刀→沾食用碱面→沸水泡发→漂洗。

（3）操作步骤：将干鱿鱼用温水或冷水浸软后，去头、边翼、软骨，并按菜肴的要求剞上花刀，切成长方形小块，然后将鱿鱼的头、边翼、切好的花刀块全都沾满碱面，放在盛器中备用。用之前，冲入沸水，加盖焖至鱿鱼卷曲成形，然后取出用冷水反复漂洗，除去碱分即可。

鱿鱼涨发出成率为 1:6 左右。

五、油发

1. 油发蹄筋

（1）原料：蹄筋 500g。

（2）操作过程：备发→油发→加食用碱水洗→清水漂洗。

（3）操作步骤：先用热水洗去表面脏污和油脂，晾干，放入 60℃ 左右的油中浸炸 1～2 小时，待蹄筋出现气泡时，再将油温升高到 160℃ 左右，用漏勺不断地翻拨，并按入油内约 5 分钟，待油面微冒气泡，蹄筋用手一捏就断，完全膨胀至饱满松脆时取出。在涨发过程中随时将发透的蹄筋取出，避免已发透的原料继续加热，否则会影响色泽和质感。将发好的蹄筋放入温水内，稍加些食用碱，洗去油脂，再换清水漂洗，除去附在蹄筋上的残肉和杂物，然后浸在清水中备用。

油发蹄筋涨发出成率为 1:6 左右。

2. 油发干猪肉皮

（1）原料与器材：猪肉皮 150 克，色拉油 1 500 克（净消耗约 50 克），食用碱少许，漏勺 1 把，炒锅 1 只，手勺 1 把，搪瓷盆 1 只。

（2）操作步骤：焐油→炸发→泡发→漂洗。

1）炒锅上火，加色拉油，随即将肉皮放入油中，使油温逐渐升至 96℃，经 6～8 分钟，肉皮湿润并开始收缩。边加热边搅拌，当油温升至 114℃ 时，肉皮内胶原蛋白晶体呈半溶状态，维持在 114～120℃ 焐油，且边焐边用手勺搅拌，直至肉皮彻底焐透（肉皮呈透明状，没有"小白点"），约 45 分钟后用漏勺捞起。

2）锅上火加热使油温升至 200～210℃，分批投入猪肉皮，并用手勺和漏勺将肉皮拉直，待肉皮膨胀、色呈淡金黄色捞起。

检验涨发质量的方法为：涨发时的油面气泡大量减少，肉皮出锅后一折即断，以筷一穿即透，响声清脆，对光看无暗部为好。若一折不断，或仍有丝相连，可再下油锅维持原油温发至一折即断出锅。

3）将肉皮放入搪瓷盆内，加 40～50℃ 的温水，浸泡 60 分钟左右（在肉皮上加压一物体，使肉皮完全没于水中）后捞起。

4）换温水，加入适量食用碱（碱水浓度约为 5%），投入肉皮泡洗，去除肉皮表面附着的浮油。然后捞起用清水反复漂洗干净即可。

（3）操作要求。

1）温度、时间的控制。油脂的温域宽，油温较难控制，可以采用测温勺测控油温，用钟表掌握时间，这样既满足了干货原料焙油和涨发所需的温度，又可满足干货原料焙油和涨发所需的时间，保证了干货原料在尽可能高的油温中涨发，同时又不会因时间的延长而出现报废或质量问题。另外，涨发温度和时间确定后，可通过正交试验法，得出同种原料不同情况下的最佳涨发工艺条件。

2）油发干料前检查有无虫蛀、灰尘、杂质，以免污染油质；干料如有吸湿水，不一定要晒干或烘干处理，因为是否有吸湿水、吸湿水量多少，均与涨发质量无关，焙油时原料也不一定要冷油下锅，只要将油温控制在110℃以下就可以了。

六、盐发

盐发蹄筋

（1）原料：蹄筋500 g。

（2）操作过程：盐加热→蹄筋涨发→加食用碱水浸泡→洗净→冷水浸泡。

（3）操作步骤：将粗盐下锅用慢火炒热，焙干水，放入蹄筋继续加热翻炒（见图5-12）。蹄筋受热体积先慢慢缩小，然后又逐渐膨胀，发出"啪啪"声响时，改用小火（慢火）边翻边焖，直至蹄筋涨发到用手一捏就断的松脆程度时捞出，然后放入热碱水中浸泡，用温水洗净油脂和碱（见图5-13），浸泡在清水中备用。

图5-12　翻炒　　　　　　　图5-13　清洗

蹄筋的涨发

盐发蹄筋涨发出成率为1:6左右。

七、火发

火发大乌参

（1）原料：大乌参500g。

（2）操作过程：火发去硬皮→冷水浸发→煮发→去肠洗涤→根据原料质地反复水发。

（3）操作步骤：将大乌参放在火上烤至外皮焦枯发脆，用刀刮去外皮，直至露出深褐色的肉质。刮好的大乌参放在清水中浸泡 24 小时，再放入冷水锅中煮沸，改小火焖 2 小时后取出，剖腹去肠、韧带并洗涤，再用冷水浸发 24 小时，放入冷水锅煮沸，焖至水冷却，反复几次直至乌参软糯有弹性，浸泡在清水中备用。

（4）注意事项：煮发中，随时取出已发好的乌参，以防涨发过度而碎烂。

大乌参火发出成率为 1:6 左右。

常见的干货原料涨发方法有很多。比如，香菇、竹笋等质嫩的干货原料可以用水发的方法，将其浸泡在冷水中进行涨发。而海参、鲍鱼等质硬的干货原料则需要用盐发的方法，将其浸泡在盐水中进行涨发。此外，干贝、海带等干货原料也可以用碱发、油发等方法进行处理。

拓展阅读

2017 年 3 月，某市森林公安局接到市民的匿名举报称，在市内的一家高档餐厅内见到有厨师正在加工一只熊掌。接报后，警方立即展开调查。经过多方侦查，警方找到了刘某。刘某是一家高档餐厅的厨师，他承认王某找到他帮忙烹饪熊掌，两人还商量好加工的价格。王某是一位小老板，他为了招待生意上的朋友，专门购买了一只熊掌。

随后，警方对犯罪嫌疑人王某进行了传唤调查，王某对自己的行为供认不讳。据王某交代，他通过非法渠道获得一只熊掌宴请生意上的重要客户。

犯罪嫌疑人王某的行为，违反了我国《刑法》第三百四十一条第一款的规定，涉嫌非法收购国家重点保护的珍贵野生动物制品。经鉴定中心鉴定，查获的熊掌系食肉目熊科黑熊的足掌，黑熊为国家二级保护野生动物，涉案价值 2 万多元。犯罪嫌疑人王某因涉嫌非法收购国家重点保护的珍贵、濒危野生动物制品，已被该市森林公安局依法移送起诉。

餐饮工作者应当增强保护野生动物的意识，拒绝烹饪加工野生动物，为保护野生动物，拯救珍贵、濒危野生动物，维护生物多样性和生态平衡，推进生态文明建设，促进人与自然和谐共生，贡献自己的一分力量。

职业素养小贴士

《中华人民共和国野生动物保护法》第三十条规定，禁止生产、经营使用国家重点保护野生动物及其制品制作的食品，或者使用没有合法来源证明的非国家重点保护野生动物及其制品制作的食品。

禁止为食用非法购买国家重点保护的野生动物及其制品。

模块小结

本模块介绍了干货原料涨发的知识。干货原料是配菜中的重要组成部分，干货原料涨发是一项必备的技术，它可以使干货原料更加软嫩美味，提高烹饪的效果。

干货原料涨发的主要意义在于使原料吸水回软，从而更易于烹饪和食用。涨发后的干货原料不仅口感更佳，而且烹饪时间也会大大缩短，使得菜肴更加美味可口。

干货原料涨发的方法主要有水发、碱发、盐发、油发等。其中，水发是最常见的方法，它的原理是将干货原料浸泡在水中，使其缓慢吸水涨发。不同的干货原料需要不同的涨发时间，一般来说，形小质嫩的时间可以短一些，而形大质硬的时间则需要长一些。碱发和盐发是通过将干货原料浸泡在含碱或盐的水中，使其涨发。而油发则是将干货原料浸泡在热油中，使其涨发。

同步练习

一、填空题

1. _____是用不同的加工方法，使干货原料重新吸收水分，最大限度地恢复其原有形态和质地，同时除去原料中的杂质和异味，便于切配、烹调和食用的原料处理方法。

2. 经过合理涨发，使干货原料重新吸收水分，最大限度地恢复原有的鲜嫩、松软的状态，体现其_____。

3. 干货原料涨发的方法，按发制的原料和原料物理性状的变化，可分为_____、_____和_____三大类。

4. _____就是将干货原料放在热水中、蒸汽中（可用各种加热方法），利用热的传导作用，使水分子和原料体内分子加速运动，加快吸收水分，加快涨发的方法。

二、单项选择题

1. 鲜活原料加工制成（　　），主要目的是破坏原料中细菌等微生物的生存环境，防止腐败变质。

　　A．新鲜原料　　　B．干货原料　　　C．高档原料　　　D．水发原料

2. （　　）主要有冷风干燥、晒干、烘干、用草木灰焓干、盐腌再干制、盐水煮干后再干制等。

　　A．操作加工技术　　　　　　　B．制作加工方法

　　C．干制加工方法　　　　　　　D．视觉检验

3．（　　）就是把干货原料直接放入热水中浸泡，不再继续加热，使原料缓慢涨发的方法。

　　A．泡发　　　　　　B．煮发　　　　　　C．焖发　　　　　　D．蒸发

4．（　　）是煮的后续过程。某些原料不能一味地用煮发方法进行涨发，否则会使外部组织过早发透，外层开烂，而内部组织仍未发透，影响涨发后原料的品质。

　　A．煮发　　　　　　B．蒸发　　　　　　C．泡发　　　　　　D．焖发

5．（　　）就是把清洁的、干燥的干货原料放入适量的油中，与油同时加热，使蛋白质胶体颗粒受热膨胀，从而使干货原料的形体膨胀的方法。

　　A．油发　　　　　　B．盐发　　　　　　C．水发　　　　　　D．蒸发

三、简述题

1．简述干货原料涨发的要求。

2．简述干热膨化法的含义。

3．简述油发蹄筋的操作流程。

实训项目

实训任务：干猪肉皮的涨发。

实训目的：掌握干猪肉皮涨发的方法。

实训内容：

1. 知识准备

油发就是把清洁的、干燥的干货原料放入适量的油中，与油同时加热，使蛋白质胶体颗粒受热膨胀，从而使干货原料的形体膨胀的方法。油发过程中，根据原料涨发的程度，灵活掌握火候。涨发好后应用食用碱溶液浸漂脱脂，并在碱溶液中进一步涨发。

2. 干猪肉皮涨发的要求

（1）合理控制涨发的油温及涨发时间，可以适当借助测温勺等测温设备测控油温，用钟表掌握时间，这样能做到测控准确，并维持在相对固定的温度值上，为焐油和涨发时间值的确定打下基础。

（2）油发干料前检查有无虫蛀、灰尘、杂质，以免污染油质；干料如有吸湿水，不一定要晒干或烘干处理，因为是否有吸湿水、吸湿水量多少，均与涨发质量无关，焐油时原料也不一定要冷油下锅，只要将油温控制在110℃以下就可以了。

3. 网络调查

利用网络了解盐发、碱发、火发等相关知识。

实训要求：

（1）学生完成干猪肉皮涨发任务，教师根据学生任务完成情况打分，并将分数填入技能考核评分表，样表见 5-1。

表 5-1　技能考核评分表

姓　　名	原料名称	考核标准					合　　计	备　　注
		着装规范（20分）	操作卫生（20分）	涨发成品率（40分）	操作规范（10分）	操作安全（10分）		
学生 A	干猪肉皮							
学生 B	干猪肉皮							
学生 C	干猪肉皮							
...	...							

（2）根据所学内容，介绍干猪肉皮的涨发步骤。

模块六

配 菜 技 术

单元一　配菜的意义及要求

配菜又称配料，是根据菜肴质量的要求，把各种加工成形的原料适当地配合，使其可以烹制出一道完整的菜肴，或配合成可以直接食用的菜肴的过程。

配菜是刀工成形之后的一项技术操作，是烹调之前的一道不可缺少的重要工序，是烹调工艺的重要环节。通过配菜，使菜肴进入了定量、定质、定型、定营养和定成本的阶段。配菜与刀工有着密切的联系，两者不可分割，人们习惯地把刀工技术和配菜技术统称为切配技术。

原料经过初加工、刀工、初步熟（热）处理等工序，进入配菜阶段，也就是菜肴的设计阶段。配菜的设计对菜肴的色、味、形、营养起着至关重要的作用。

一、配菜的意义

1. 确定菜肴的质与量

一道菜肴的组成原料是决定其品质的物质基础。不同原料的质地不同，同一种原料的不同部位质地也不同，选择不同质地的原料，经配制就将菜肴的品质确定下来了。

所谓量，是指组成菜肴的各种原料的数量或它们之间的数量关系（比例），在烹调中原料的数量常以其重量或体积来表示。原料经刀工及初步熟处理后，按照菜肴的规格要求，确定菜肴中各种原料的数量比。菜肴的质和量是构成菜肴的两个重要方面。菜肴的质和量确定之后，这道菜的总体便已确定。

2. 使菜肴多样化

中式烹调中所用的原料极为广泛，这是形成菜肴多样化的重要因素。将不同的原料合理搭配，或将相同原料取不同的部位相互搭配，可形成花式繁多的菜肴。

3. 确定菜肴的成本

配菜确定了菜肴的质和量，这样整份菜所用的原料及数量便可准确计算出来，其成本也可准确计算。

4. 为正式烹调做好最后准备

烹饪原料在经过宰杀、整理、洗涤等工序后，必须经过配菜这一过程，按照菜肴的要求，把所需原料配合在一起，为正式烹调做好物质准备。

5. 基本确定菜肴的色、香、味、形

各种烹饪原料都有不同的自然色泽，而菜肴的颜色是评定菜肴质量的标准之一。配菜要使菜肴颜色搭配合理，色调和谐。菜肴的香味大多数是通过保留食材的本味以及调味来实现的，各种原料有其固有香味，合理搭配能使它们相互渗透、相互影响，形成美味菜肴。

菜肴在形上也有特定的要求，决定原料形状的是在配菜阶段的切，所以在行业中，往往把刀工与配菜统称为切配。

6. 使原料得到合理利用

烹饪原料品种、数量繁多，各种原料品质各不相同。按照菜肴质量要求，进行合理的配菜，可使原料得到合理使用。

7. 确定菜肴的营养价值

菜肴的营养价值是由构成菜肴的原料决定的，而不同原料的营养成分各不相同，即使是同一种原料，不同部位的营养成分也不相同。通过合理科学的搭配，可使菜肴各种营养素的比例更加适合不同人群的需要，从而提高和确定菜肴的营养价值。

二、配菜的要求

1. 了解原料的市场供应和库存情况

餐饮企业相关工作人员应了解原料的产地、市场供应品种、货源情况及价格，选择价廉质优的原料进行配菜；还应关注库存情况，做到先进先出，以保证菜肴品质。

2. 熟悉烹饪原料及各部位的特点

原料的性质与特点不但由原料的种类决定，且因产地不同而异。即使是同一品种的原料，产地不同，原料的性质和特点也有较大的差别。为使各种原料各得其所，以烹制出色、香、味、形俱佳的菜肴，配菜员必须熟悉原料的性能、用途及各部位的特点。

3. 熟悉菜肴的名称及制作特点

菜肴的名称有的反映菜肴主辅料之间的关系，有的反映主料与调味方法，有的反映主料与烹调方法，有的反映菜肴色、香、味、形的特点。只有熟悉菜肴的名称及制作特点，才能做到合理配菜。

4. 菜肴的各配料应分别放置

菜肴的配料各有特点，有的嫩，有的老；有的生，有的熟。菜肴烹制过程中必须遵循严格的投料顺序，才能烹出符合质量要求的菜肴。因此，配菜时常把不同性质的原料分别盛放，并把辅料放于主料的附近，以备烹调时取用。

5. 配菜员必须既精通刀工又善于烹调

配菜员必须精通各种刀工和烹调方法，才能把原料加工成各种合适的形状，使同一规格的原料大小相等、长短一致、厚薄均匀、粗细整齐，这是配菜的前提。

6. 注意合理搭配营养

人体需要的多种营养素是从食物中摄取的。不同的原料含有不同的营养成分。在配菜时，必须考虑人体对营养素的要求，把各种原料合理地搭配在一起。

7. 注意卫生

配菜原料来源很广，有生料、熟料、罐头装料、腌渍原料等。通过初加工等环节，配菜的原料有可能受到不同程度的污染，甚至腐败变质。特别是生料，在配菜前要严格把好卫生检查这一关。

8. 掌握菜肴的质量标准及成本核算

菜肴的质量粗略地分为高、中、低三档，不同质量的菜，必须合理地分档论价。配菜过程中，要求配菜者做到料足量准，不以次充好，保障消费者的利益。

单元二　配菜的基本原则

一、量的配合

菜肴量的配合是指构成菜肴的各种原料按适当的数量比配合。菜肴量的配合根据主料与辅料的配合情况可分为三大类。

1. 单一原料菜肴的配法

菜肴只由一种原料组成，这种菜肴因原料只有一种，所以一般按定量配制即可。

2. 主辅原料菜肴的配法

配制这种菜肴时，要突出主料，主料的数量必须多于辅料，起主导作用，辅料则起衬托作用，居次要地位。

3. 多主料菜肴的配法

由若干种原料配合组成的菜肴，各种原料数量均等。

二、质的配合

组成菜肴的原料品种繁多，同一品种的原料由于生长的环境及时间长短不同，性质也可能不同，所以它们的质地常有硬、软、脆、嫩、老、韧之分，配菜时必须根据原料的质地进行合理搭配，使其尽可能符合烹调的要求。

在由主辅料组成的菜肴中，大多数情况下，常以性质相近的原料相配合，即一般遵循"脆配脆""软配软""嫩配嫩"的原则。例如，猪肚仁蒂部和鸭胗都是韧中带脆的原料，经刀工及烹调加热后性质都较脆嫩，可将它们配合烹制成"爆双脆"。又如，牛奶为主料，鸡蛋白、蟹黄、蟹肉等为辅料配成的菜肴"蟹黄蒸牛奶"，主辅料都以嫩滑为主要特点，它们互相配合烹制的菜肴鲜香嫩滑。

然而，上述的配合原则并非绝对的，有些菜肴中各种原料的性质并不相同，有些性质相差较远甚至性质相反的原料，通过适当配合也可烹制出具有一定特色的菜肴。例如，经上浆滑油后的猪肉肉质嫩滑，炸花生质酥脆，胡萝卜粒、竹笋粒质爽脆，将它们配合成"花生鱼丁"则具有酥香爽脆的特点。

三、色的配合

颜色是菜肴质量评定的重要标准之一，各种菜肴原料由于含有不同的色素，因而具有不同的颜色。在烹调过程中原料经过加热，必然发生颜色的变化。为了使菜肴达到色彩调和、美观的效果，必须把不同的原料加以适当组织和搭配。

颜色的配合方法一般有顺色搭配和异色搭配两种。顺色搭配一般要求主辅料取同一种颜色或两种颜色尽可能接近，白色配白色，绿色配绿色，皆属顺色搭配。如"糟熘三白"的鸡片、鱼片、笋片三种原料基本上都呈白色，把它们搭配成菜，烹调后菜肴颜色爽洁、素雅。

异色搭配是指把几种不同颜色的原料互相搭配，组合成色彩绚丽的菜肴，这是一种较常用的方法。配色时一般要求主辅料颜色差别大些，比例要适当，要突出主料的颜色，辅料对主料起衬托、点缀的作用，使整个菜肴颜色主次分明，浓淡适宜，美观鲜艳，色调和谐，具有一定的艺术性。例如，"五彩金凤"主料是炸鸡，呈金黄色，配以五种颜色的五柳料，再用菠萝片围边，使整个菜肴色彩鲜艳和谐，给人以美的享受。

一些原料在切配过程中会发生颜色的变化，切配时必须防止对配色不利的变化。如土豆中含有酪氨酸酶，去皮或切开后，这种酶与空气中的氧气接触会使土豆表面氧化变黑，应立即将切后的土豆浸于水中，以保持其鲜嫩脆白。不少原料在烹调过程中颜色会发生变化，配色时必须考虑到这些原料经烹调后的颜色变化。如鲜虾、蟹，由于体内存在一种叫虾黄素的物质，虾蟹一经受热，即呈橙红色。配色时虾蟹应以橙红色与其他颜色的原料搭配。

四、味的配合

味道包括嗅觉和味觉两个方面。

人通过嗅觉可感知物质的香味。许多水果、蔬菜及新鲜的动植物原料都具有独特的香味，配菜时要熟悉各种原料所具有的香味，注意保存或突出它们的香味特点，并进行适当的搭配，如洋葱、大蒜、葱、芫荽等含有丰富的芳香类物质，若适当地与动物性原料搭配，就能使烹制的菜肴更为醇香，如"清蒸皖鱼"，葱与皖鱼搭配，正是如此。

香气较浓的原料与香气较淡的原料搭配，可起到一定的调剂作用。有些物质，如酸与醇，能反应生成具有芳香气味的酯。若将含有酸和醇的原料相互搭配，烹调后菜肴具有酯的特殊香气。

一般来说，香味相似的原料不宜相互搭配，如牛肉与羊肉、马铃薯与芋头、丝瓜与黄瓜、青菜与卷心菜等。

味是由人的感觉器官——舌头上的味蕾来鉴别的，味是菜肴质量的重要指标。原料经烹制后具有各种不同的味道，其中有些是人们喜欢的，需保留发挥；有些是人们不喜欢的，需采用各种方法去除或改变其味道。这就需要把它们进行适当的配合，以适应人们对味的要求。

鸡、鹅、鸭、猪肉等作为主料其味道鲜美可口，可以主料口味为主，保存和突出主料味道，配以适当的辅料。有些原料，如海参，本味淡，若作为主料应加以上汤或配以火腿、鸡肉等共烹使其增味。对味浓、油腻的主料可配些清淡的蔬菜，既解腻又提鲜。有些主料具有人们不喜欢的味道，可以用适当的辅料将其去除，如鲜鱼有腥味，可配以生姜等将其除去。

五、形的配合

菜肴形状的搭配，是指将菜肴主料、辅料的不同形状适当搭配，能使菜肴外形美观，符合烹调的要求。形的配合原则是：丁配丁、条配条、块配块、丝配丝、片配片，辅料的形状与主料相近。配合中为了突出主料，辅料的规格应小于主料，数量也应少于主料。但对于某些主料用整鸡、整鸭、整鱼等的菜肴，以美化主料为目的，辅料的形状及大小视具体情况而定。

在配合中，还必须注意与烹调方法相结合，采用加热时间较长的烹调方法时，原料规格不宜过小；相反，采时加热时间较短的烹调方法时，原料形态不宜过大。

丁类菜肴的组配　丝类菜肴的组配　条类菜肴的组配　片类菜肴的组配　米类菜肴的组配

六、营养成分的配合

人们要从食物中摄入人体所需的营养素，菜肴所含的营养成分是衡量菜肴质量价值的重要标准。不同的原料所含营养成分的种类及数量也不相同。因此在配菜时，必须考虑营养成分的恰当配合。

七、盛器的配合

盛器的配合也必须恰当，在选择器皿时，注意菜肴与盛器的协调。

单元三　配菜的方法

一、菜肴的配制方法

配菜的方法可分为普通配菜和筵席配菜。按菜肴中原料的质量关系，普通菜肴的配菜方法可分为下列三种。

1. 单一原料菜肴的配法

所谓单一原料菜肴，即由一种原料所组成的菜肴。由于原料单一，在选料时，必须选用具有特色的、新鲜质好的原料，注意突出原料的优点，避免原料的缺点。例如，清蒸鲩鱼应选用新鲜肥嫩的鲩鱼作为原料，突出一个"鲜"字；白灼基围虾同样应选用新鲜基围虾，突出一个"鲜"字。

有些原料如海参本身缺乏鲜味，作为单一原料构成菜肴，必须与鲜香的鸡肉、猪肉等共烹，上席时除去鸡肉、猪肉，用其鲜汤使之增加鲜味。

2. 主辅原料菜肴的配法

由主料、辅料组成菜肴，一般来说，主料多用动物性原料，辅料多用植物性原料。配菜时，不管是数量还是质量，均以主料为主，辅料围绕主料的特点搭配，对主料的色、香、味、形起衬托和补充作用，使菜肴外观更加美观，滋味更加可口，营养素含量更加全面。

3. 多主料菜肴的配法

（1）配制这种菜肴时，菜肴中有两种或两种以上的原料，一般数量大致相等，相互搭配，无法分主料和辅料；但配菜时各种原料分别存放，以便于烹调时取用方便。

（2）若组成菜肴的原料体积或口味浓淡相差较大，则配搭时应在数量方面进行适当的调整，使它们在色、香、味、形各方面配合得当。

二、半成品的制作方法

1. 蒙

在已选好的主料上，糊上一层鸡茸或肉茸的制作方法称蒙。

2. 粘叠

把初加工成片、条的原料，按菜肴的要求及原料的色、香、味特点，排列并叠粘在一起，把叠粘的原料用黏性物质如虾茸、鱼泥等黏结起来，成为一个具有新型花色图案的整体，这一过程称为粘叠，如锅贴鲈鱼等。

3. 酿

用一种较为完整的原料把一些细小的原料包起来成为半成品的方法称为酿。如"扒酿海参"，即把肉馅与调料调均匀，装入发好的海参内部，再经烹制、浇汁等工艺而成菜。

4. 卷

利用各种具有一定韧性的原料，如豆腐皮、蛋皮、薄饼、菜叶等，把加工成丝、条、粒、泥、末等形态的原料包裹起来，并卷成圆筒形，两头再进行艺术加工，这一工艺称卷，如鸡肉卷、蛋卷、春卷、果肉卷等。

5. 包

把猪肉、鸡肉、鱼肉、虾肉等原料加工成泥，再用原料皮或无毒纸包成条形、方形、圆形、饺子形或其他形状的操作工艺过程称为包。

6. 镶

把一种原料镶嵌在另一种原料上或围在另一种原料周围的操作工艺称为镶，如"镶百花鸡"。

7. 夹

在某种片状原料中间切一刀（不断），然后把另一种原料塞入两片之间夹牢的制作工艺称为夹，如南方的"夹沙肉"。

8. 捶

捶也叫敲，是把里脊肉、鱼肉、虾肉、鸡肉或茸，一边敲一边放入淀粉，使之成为片状的制作方法。

单元四　菜肴的命名

菜肴的名称可直接影响顾客对菜品的选择，若对历史名菜进行仔细分析，可以发现菜肴的命名都有一定的规律性。

一、菜肴命名的方法

1. 按调味方法和主料命名

在主料前冠以调味方法命名是一种常见的命名方法，其特点是从菜名可反映其主料的口味、调味方法，从而了解菜肴的口味特点。例如，"咖喱牛肉""糖醋排骨"（见图 6-1）等。

图 6-1　糖醋排骨

2. 按烹调方法和主料命名

在主料前冠以烹调方法，这是一种较为普遍的命名方法。菜肴用这种方法命名，可使人们较容易地了解菜肴的全貌和特点，菜名中既反映了构成菜肴的主料，又反映了烹调方法。例如"扒海参"，主料是海参，烹调方法是扒。

3. 按主要调味品名称和主料命名

在主料前冠以主要调味品名称，例如"蚝油鸭脚"，就是在主料"鸭脚"前冠以主要调味品"蚝油"而构成菜名。又如"京酱肉丝"也是按这种方法命名。

4. 在主料和主要调味品间标出烹调方法命名

如"果汁煎鸽脯""豉汁蒸排骨""黑椒炒牛仔粒"（见图 6-2）等。

5. 按地名、人名命名

传统菜肴有些就是在主料前冠以人名、地名来命名的，这种命名方法能清楚地反映出菜肴的起源或菜肴与人物的关系。例如，"麻婆豆腐""宫保鸡丁""太白鸡""东坡肉"（见图6-3）等是在主料前冠以人名组成菜名，"北京烤鸭""西湖醋鱼"等则是在主料前冠以地名组成菜名。

图 6-2　黑椒炒牛仔粒　　　　　　　　图 6-3　东坡肉

6. 在主料前冠以色、香、味、形、质地等特色来命名

如"五彩蛇丝"在主料蛇丝前冠以颜色特色"五彩"，"五香肚"反映菜肴香的特色，"麻辣鸡"反映菜肴味的特色，"松子鱼"反映菜肴形的特色。

7. 按特殊的辅料和主料名称来命名

这种命名方法突出菜肴的特殊辅料和主料，一般是在主料前冠以特殊的辅料名称，例如"蓝花北极贝"，主料为北极贝，辅料为西蓝花。又如"芥菜胆莲黄鸭"，鸭为主料，芥菜胆、莲子、蛋黄均为辅料。此外，"苕粉回锅肉""辣子鸡""桃仁鸡丁"等也都用此法命名。

8. 在主辅料之间标出烹调方法来命名

实际上许多的菜肴都用这种方法命名，从菜名可直接了解主辅料和所使用的烹调方法，如"白果炖猪肚"，从菜名中可知猪肚为主料，白果为辅料，烹调方法是炖。"春笋秧草烧河豚"（如图6-4所示）也是依此原则命名。

图 6-4　春笋秧草烧河豚

9. 在主料前冠以烹制器皿的名称命名

这种命名方法能清楚地反映出烹制菜肴的主要原料和盛装器皿，如"砂锅豆腐"，主料为豆腐，用砂锅烹制。

10. 根据历史典故和形象寓意命名

这种命名方法往往将人们所熟知的历史典故与菜品的特色有机结合，增添了菜肴的艺术性、趣味性，如"虎穴藏龙""桃花泛""雪里埋炭""凤凰串牡丹"等皆以形象寓意命名。

二、菜肴名命的要求

对一道菜肴恰如其分地命名，是体现餐饮工作人员文化素质和专业技能的一个重要标志。菜肴命名方法很多，应遵循一定的原则。

1. 命名确切真实，符合菜肴特点

确切真实，是指菜品用料、烹调方法、特点等要与菜名相符合，不应在菜名上故弄玄虚、哗众取宠，应使客人看到菜名就能基本了解菜肴的概况。

2. 通俗易懂，雅俗共赏

菜名应具有一定的艺术性，菜名的艺术性主要体现在雅致顺口、充满情趣、想象丰富和诱人品尝。例如，大多冷拼在命名上寓景、寓意，增添了艺术性，给人赏心悦目的感觉。

拓展阅读

"谁知盘中餐，粒粒皆辛苦。"习近平总书记对制止餐饮浪费行为做出重要指示，强调要加强立法，强化监管，采取有效措施，建立长效机制，坚决制止餐饮浪费行为。要进一步加强宣传教育，切实培养节约习惯，在全社会营造浪费可耻、节约为荣的氛围。

餐饮工作者要珍惜食材，将多余食材进行合理利用，培养节约的好习惯，发扬勤俭节约的精神。

模块小结

本模块介绍了配菜的概念、意义及要求；配菜的原则和方法；菜肴的命名。配菜是美食体验中不可或缺的一部分，能够为菜肴增色添香，提高整体口感和品质。在烹饪中，配菜的意义和要求、基本原则、方法以及菜肴的命名都是非常重要的。

配菜在烹饪中具有非常重要的意义。在配菜中，需要遵循基本原则，运用不同的方法来搭配、切割、调味和装盘。同时，合理的命名也能够加深顾客对菜肴的印象。

同步练习

一、填空题

1. ＿＿＿＿＿＿是根据菜肴质量的要求，把各种加工成形的原料适当地配合，使其可以烹制出一道完整的菜肴，或配合成可以直接食用的菜肴的过程。

2. 通过配菜，使菜肴进入了＿＿＿＿＿＿、＿＿＿＿＿＿、＿＿＿＿＿＿、定营养和定成本的阶段。

3．原料经刀工及初步熟处理后，按照菜肴的_____，确定菜肴中各种原料的数量比。

4．_____是指在某种片状原料中间切一刀（不断），然后把另一种原料塞入两片之间夹牢的制作工艺。

二、单项选择题

1．原料经过初加工、刀工、初步熟（热）处理等工序，进入（　　　），也就是菜肴的设计阶段。

    A．加工阶段　　　　B．配菜阶段　　　　C．烹调阶段　　　　D．烹法阶段

2．原料的性质与特点不但由原料的种类决定，且因（　　　）而异。

    A．产地不同　　　　B．制作不同　　　　C．工艺不同　　　　D．视觉不同

3．盛器的配合也必须恰当，在选择器皿时，注意（　　　）与盛器的协调。

    A．药源　　　　　　B．食物　　　　　　C．菜肴　　　　　　D．烹饪

4．所谓单一原料菜肴，即由（　　　）原料所组成的菜肴。

    A．一种　　　　　　B．两种　　　　　　C．三种　　　　　　D．四种

5．（　　　）是指菜品用料、烹调方法、特点等要与菜名相符合，不应在菜名上故弄玄虚、哗众取宠。

    A．确切明白　　　　B．确切真实　　　　C．确切可靠　　　　D．确切如此

三、简述题

1．简述配菜的意义。

2．简述配菜的基本原则。

3．简述菜肴的配制方法。

4．简述菜肴命名的方法。

实训项目

实训任务：设计制作菜肴标准流程卡。

实训目的：掌握配菜的方法及原则，并结合所学进行菜肴标准流程卡的设计与制作，培养学生标准生产的意识。

实训内容：

1．知识准备

菜肴标准流程卡可对菜肴质量、菜肴成本、菜肴组配以及制作方法等四个方面加以检查与督导，随时消除在制作中出现的差错，保证菜肴达到质量标准。

2．菜肴标准流程卡的制作要求

认真注明菜肴选择的主辅原料与调味品并标注产地及品名，可配以食材及外包装的图

片及规格大小。注明菜肴所需主辅原料的使用量以及切配的规格大小，可配以料形图片。写出制作菜肴的详细步骤并配以流程图。标出操作环节中的关键点以及相关时间、温度等具体数值或数值区间。标明菜式色、香、味，如红油、麻辣味等。分别计算主辅原料成本，再根据原料的使用量测算出菜肴的成本，并配以菜肴成品照片。

3. 网络调查

利用网络搜索菜肴标准流程卡相关知识。

实训要求：

学生设计制作菜肴标准流程卡（样例见表 6-1）。

表 6-1　菜肴标准流程卡样例

菜肴标准流程卡

菜系			制作人					日期	年　月　日
菜式名称									
主料明细	规格明细	名称	品牌明细	规格	单价	数量	成本	菜品照片	
	加工流程		成本：						
	其他加工		成本：						
辅料明细	规格明细	名称	品牌明细	规格	单价	数量	成本		
	加工流程		成本：						
	其他加工		成本：						
调料明细	名称	品牌明细	规格	单价	数量	成本		器皿名称	
成品标准、特点与味型									
制作方法									
成本价格		售价			毛利			会员价	
注意事项									

模块七

勺 工 技 术

学习目标

⊃ **知识目标**

1. 了解勺工的概念。

2. 熟悉锅、勺的种类及用途。

3. 掌握勺工的作用和基本要求。

⊃ **能力目标**

1. 掌握临灶操作的基本姿势和握锅、手勺的手势。

2. 掌握抛锅的基本方法。

3. 能利用网络收集整理抛锅技术的相关知识，解决实际问题。

⊃ **素养目标**

1. 培养学生的劳动精神、奋斗精神、爱岗敬业的精神。

2. 传承烹饪技艺，弘扬中华饮食文化。

单元一　勺工概述

一、勺工的概念

所谓勺工，是指厨师在临灶烹调过程中，灵活掌握不同的运勺方法，采用一系列连贯的动作，从而完成整道菜肴制作的技术。勺工主要由端握锅、晃锅、翻锅、出锅和手勺动作组成。其中翻锅又叫抛锅，是勺工技术的核心。

中式烹饪中的勺工技术一直是衡量厨师水平的重要参考。它不仅控制热量的释放，使菜肴在加热、调味和勾芡等过程中达到最佳状态，而且灵活运用各种动作，如推、拉、送、扬、托、翻、晃和转等，有效地帮助厨师将原料的口感和质量提升上去，这对于烹调菜肴的色泽、香气和口感具有重要意义。因此，学习烹饪技术需要先熟悉勺工技术，以此为基础，才能更好地进行烹调，使菜肴达到最佳状态。

二、勺工的作用

勺工是烹调师重要的基本功之一，是为烹制菜肴服务的，勺工技术功底的深浅直接影响到菜肴的质量。锅置火上，料入锅中，原料由生到熟，只不过是瞬间变化，稍有不慎就会失饪。因此，勺工对菜肴的烹调至关重要。其作用主要有以下几个方面。

1. 可使烹饪原料受热均匀

烹饪原料在锅内温度的高低，一方面可以通过控制火源进行调节，另一方面则可运用勺工技术来控制。通过勺工可使菜肴原料在锅内受热均匀，以达到菜肴火候要求的最佳时机。

2. 可使烹饪原料入味均匀

炒锅内的原料不断翻动，可使各种调味料充分与菜肴中的各种原料混合渗透，使原料入味均匀。

3. 可使烹饪原料着色均匀

通过勺工技术的运用，可确保成品菜肴色泽均匀一致，如煎、贴类菜肴的上色，有色调味料在菜肴中的均匀分布，均是依靠勺工技术实现的。

4. 可使烹饪原料挂芡均匀

通过晃锅、抛锅等勺工技术，可以达到芡汁均匀包裹原料的目的。

5. 可保持菜肴的形态

许多菜肴要求成菜后要保持一定的规则，使之形态美观，这与勺工技术密不可分，如扒、煎等类的菜肴均须大翻锅,将锅中的原料进行180°翻转,以保持其形态的完整。

6. 形成菜肴各具特色的质感

如菜肴的嫩、脆与原料的失水程度相关,迅速地翻拌使原料能够及时受热,尽快成熟,使水分尽可能少地流失,从而形成菜肴嫩、脆的质感。不同菜肴其原料受热的时间要求不同,勺工操作可以有效地控制原料在勺中的时间和受热的程度,因而形成其特有的质感。

三、勺工操作的基本要求

烹调工作是高温作业,是一项较为繁重的体力劳动,平时应注意锻炼身体,要有健康的体魄,有耐久的臂力和腕力;操作时思想要高度集中,脑、眼、手合一,两手协调而有规律地配合。

1. 掌握勺工技术各个环节的技术要领

勺工技术由端握锅、晃锅、翻锅、出锅等技术环节组成。不同的环节都有其技术上的标准方法和要求,只有掌握了这些要领并按此去操作,才能达到勺工技术的目的。

2. 操作者要有良好的身体素质与扎实的基本功

操作者要有很好的体能与力量,才能完成一系列的勺工动作;而只有扎实地进行基本功训练才能保证勺工的准确性、灵活性,达到应有的技术要求。

3. 要有良好的烹调技法与原料知识素养

在实际操作中因法运用勺工,因料运用勺工,才能烹制出符合风味特色要求的菜肴。

4. 勺工操作要求动作简捷利落、连贯协调

勺工操作中杜绝拖泥带水、迟疑缓慢。因为菜肴在烹制时,对时间的要求是很讲究的,有快速成菜的菜肴,也有慢火成菜的菜肴,何时该调整原料的受热部分都有一定的要求,所以及时调整火候是不能迟疑和拖沓的,只有简捷利落、连贯协调、一气呵成才能符合成菜的工艺标准。

5. 料和汤汁不洒不溅,料不粘锅

晃锅、翻锅过程中要求锅中的料和汤汁不洒不溅,料不粘锅、不糊锅,既清洁卫生,又符合营养卫生的要求,保持菜肴的色泽与光洁度。

四、锅、勺的种类及作用

1. 炒锅

炒锅,亦称煸锅。通常是用熟铁加工制成的,也有用生铁加工制成的。这种类型的炒锅在我国南方地区的餐饮业使用较为广泛,根据烹制菜肴的容量分为大、中、小三种不同型号。炒锅按外形及用途又可分为炒菜锅和烧菜锅。

（1）炒菜锅。炒菜锅的外形特征为：锅底厚，锅壁薄且浅，分量轻，主要适用于烹制炒、熘、爆等类的菜肴。

（2）烧菜锅。烧菜锅的外形特征为：锅底、锅壁厚度一致，锅口径稍大，略比炒菜锅深，主要适用于烹制烧、焖、炖等类的菜肴。

2. 炒勺

炒勺，亦称单柄勺，通常是用熟铁加工制成的。这种类型的炒勺，在我国北方地区的餐饮业使用较为普遍，根据烹制菜肴的容量分为大、中、小三种不同型号。炒勺按外形及用途又可分为炒菜勺、扒菜勺、烧菜勺和汤菜勺。

（1）炒菜勺。炒菜勺的外形特征为：勺壁比扒菜勺稍厚，比扒菜勺深，勺口径也比扒菜勺小，主要适用于加工烹制炒、熘、爆、烹等类的菜肴。

（2）扒菜勺。扒菜勺的外形特征为：勺壁比炒菜勺薄、勺底厚，勺口径大且浅，主要适应于加工烹制煎、扒等类菜肴。

（3）烧菜勺。烧菜勺的外形特征为：勺底、勺壁均厚于炒菜勺，勺口径大小与炒菜勺相同，但比炒菜勺稍深，主要适用于加工烹制烧、焖、炖等类的菜肴。

（4）汤菜勺。汤菜勺的外形特征为：勺壁薄、勺底略平，勺口径大小与扒菜勺相同，主要适用加工烹制汤、羹等类的菜肴。

3. 手勺

手勺是烹调中搅拌菜肴、添加调味品、舀汤、舀原料、助翻菜肴以及盛装菜肴的工具。一般由熟铁或不锈钢材料制成，手勺的规格分大、中、小三种型号。根据烹调的需要，选择使用相应型号的手勺。

4. 漏勺

漏勺是烹调中捞取原料或过滤的工具，由熟铁或不锈钢材料制成，漏勺外形特征与炒勺相似，漏勺内有许多排列有序的圆孔。

五、锅（勺）的保养

（1）新锅（勺）的使用前，要用砂纸或红砖磨光，再用食油润透，使之干净、光滑、油润，这样烹调时原料不易巴锅。

（2）炒菜锅（勺）每次用毕后不宜用水刷洗，应以炊帚擦净，再用洁布擦干，保持锅内光滑洁净，否则，再使用时易巴锅；如锅上芡汁较多不易擦净，可将锅放在火源上，把芡烤干，再用炊帚擦净；也可撒上少许食盐用炊帚擦净，再用洁布擦干。烧菜锅（勺）、汤锅（勺）等每次用毕后，直接用水刷洗干净即可。

（3）每天使用结束后，要彻底清理锅（勺）的里面、锅（勺）底部和把柄，洗去污垢。

单元二　勺工的基本姿势

勺工的基本姿势，是指从事烹调工作时的"功架"，它主要包括临灶操作的基本姿势和握锅、握手勺的手势。

一、临灶操作的基本姿势

临灶操作
基本要求

临灶操作的基本姿势，要求既方便操作，有利于提高工作效率；又能减轻疲劳，降低劳动强度；还有利于身体健康，使动作优美。具体要求如下。

（1）面向炉灶站立，身体与灶台保持一定的距离，约10cm。

（2）两脚分开站立，两脚尖与肩同宽，40～50cm（可根据身高适当调整）。

（3）上身保持自然直立，自然含胸，略向前倾，不可弯腰曲背，目光注视锅中原料。

二、握锅与握手勺的手势

面对炉灶，上身自然挺起，双脚与肩同宽站稳，身体与炉灶保持10cm左右的距离。

1. 握锅（勺）的手势

（1）握单柄勺的手势（见图7-1）。手拿一块厚布，叠成方形，摊放于左手去握勺柄。左手握住勺柄，手心朝右上方，大拇指在勺柄上面，其他四指弓起，指尖朝上，手掌与水平面约成140°夹角，合力握住勺柄。

（2）握双耳锅的手势（见图7-2）。手拿一块厚布，叠成方形，摊放于左手去握锅耳。用左手大拇指扣紧锅耳的左上侧，其他四指伸直托住锅壁。

握双耳锅的手势

图7-1　握单柄勺的手势　　　图7-2　握双耳锅的手势

以上两种握锅（勺）的手势，在操作时应注意不要过于用力，以握牢、握稳为准，以便在抛锅中充分运用腕力和臂力的变化，达到抛锅灵活自如、准确无误的程度。

2. 握手勺的手势

用右手的中指、无名指、小拇指与手掌合力握住勺柄，主要目的是在操作过程中起到勾拉搅拌作用，具体方法是：食指前伸（勺碗背部方向），指肚紧贴勺柄，大拇指伸直与食指、中指（弯曲）合力握住手勺柄后端，勺柄末端顶住手心。要求持握手勺牢而不死，施力、变向匀要做到灵活自如。握手勺的手势见图7-3。

图7-3　握手勺的手势

单元三　抛锅的力学原理与方法

抛锅是一种常见的烹饪技术，源于中国传统料理。在烹饪过程中，为了让原料受热均匀，可以通过抛锅来达到成熟、入味、着色和挂芡均匀的要求。常见的抛锅方法按翻锅幅度大小可分为小翻锅、大翻锅，按翻锅方向不同可分为前翻锅、后翻锅、左翻锅、右翻锅等。除了抛锅，还有"助翻锅""晃锅""转锅"和手勺的运用等勺工技法，它们在烹饪过程中都能够发挥重要作用，使菜肴质量得到提升。由于抛锅技术的复杂性和可变性，左手持握炒锅，右手持握手勺的动作机制也得到了广泛应用。抛锅是烹饪技术中不可或缺的一种技术，在各种美味佳肴制作过程中均发挥着重要作用。

一、抛锅操作的力学原理

抛锅涉及物体运动的力学关系，因此需对原料在锅内的运动从力学原理上加以分析，以便更好地理解、掌握抛锅的技术要领。

抛锅操作中的各种力及其作用如下。

1. 动力

源于人体的生物能。通过人的手和锅的把柄作用于锅和其中的物体，使之发生各种运动。

2. 摩擦力

摩擦力是锅中物体与锅壁之间产生的相互作用力，是人通过手臂的运动带动锅中物体朝一定方向、按一定速度运动的条件之一。

3. 向心力

向心力是锅中原料获得一定的动力之后，按惯性、沿锅壁以抛物线的轨迹运动的一个分力。

此外还有重力等力也发生作用。在锅中物料运动过程中，如果某个方向的力突然加大，物料会朝着这个方向发生移动（扬颠），当这个力大到一定程度时，物料会顺着运动的方向，沿锅壁抛物线角度抛（扬）起而脱离锅的摩擦力的作用。如果这时手和锅停止运动，动力消失，物料会洒出锅外。如果这时手和锅按照物料被抛起的轨迹去迎接物料，它就又会落入锅中。这就是我们在操作中常见到的物料洒落与不洒落在锅外的原因。

如果在物料回落锅中时，手和锅迅速迎接（举），这时，上迎的力与物料回落时的重力相互作用，产生反弹力，会使物料溅洒出锅外。

如果物料在即将被抛出锅沿、沿锅壁的抛物线角度作惯性运动时，我们及时撤回送出去的力，同时自其相反方向施加一个拉回来的力，物料在向心力和拉回来的力的合力作用下，会迅即回落到锅之中，回落的物料会底面向上。这就是我们经常在抛锅操作中看见的物料翻了身折回锅中的原因。

以上就是在抛锅操作中推、拉、送、扬、晃、举、颠、翻时各种力的相互作用的情形。抛锅操作中的"倒"是物料的重力与锅的摩擦力相互作用时，重力克服了摩擦阻力而产生运动的结果。

拓展阅读

锻炼臂力的方法有徒手训练法和器械训练法。良好的臂力是学好抛锅技术的基础，在日常生活中锻炼自己的臂力，不但可以强健体魄，还有利于提高抛锅技术。

二、抛锅的方法

1. 小翻锅

小翻锅

小翻锅又称"颠锅"，是最常用的一种翻锅技法。因原料在锅中运动的幅度较小，故称小翻锅。具体方法有前翻锅和后翻锅两种。

（1）前翻锅（见图7-4）。前翻锅也称"正翻锅"，是指将原料由锅的前端向锅柄方向翻动，其技法又分为拉翻锅和悬翻锅两种。

1）拉翻锅。拉翻锅又称"拖锅"，即在灶口上翻锅，指锅底部倚靠着灶口近身的一种翻锅技法。

① 操作方法：左手握住锅柄，锅略向前倾斜，先向后轻拉，再迅速向前送出，以灶口边沿为支点，锅底部紧贴灶口边沿呈弧形下滑，至锅前端还未触碰到灶口前沿时，将锅的前端略微翘起，然后快速向后勾拉，使原料翻转。

②技术要领：这种翻锅技法，是通过小臂带动大臂的运动，利用灶口边沿的"杠杆"作用，使锅底在上面呈弧形前后滑动；炒锅向前送时速度要快，先将原料滑送到锅的前端，然后顺势依靠腕力快速向后勾拉，使原料翻转，"拉、送、勾拉"三个动作要连贯、敏捷、协调、利落。

③适用范围：这种翻锅技法在实践操作中应用较为广泛。单柄勺、双耳锅均可使用，主要适用于烹制熘、炒、爆、烹等类的菜肴。

2）悬翻锅。悬翻锅（见图7-5）是指将锅端离灶口，与灶口保持一定距离的翻锅技法。

图7-4 前翻锅　　　　　　　　　图7-5 悬翻锅

①操作方法：左手握住锅柄，将锅端起，与灶口保持一定距离，20～30cm，大臂与小臂呈90°角，将原料迅速向前送出，原料送至炒锅前端时，将锅的前端略微翘起，快速向后拉回，使原料作一次翻转。

②技术要领：向前送时，速度要快，向后拉时，锅的前端要迅速翘起。

③适用范围：这种翻锅方法，单柄勺、双耳锅均可使用，主要适用于烹制熘、爆、炒、烹等类的菜肴。

（2）后翻锅。后翻锅又称"倒翻勺"，是指将原料由勺柄向勺的前端翻动的一种翻勺技法。

①操作方法：左手握住勺柄，先迅速后拉，使勺中原料移至炒勺后端，同时向上托起，当托至大臂与小臂呈90°角时，顺势快速前送，使原料翻转。

②技术要领：向后拉的动作和向上托的动作要同时进行，动作要迅速，使炒勺向上呈弧形运行，当原料运行至炒勺后端边沿时，快速前送，"拉、托、送"三个动作要连贯协调，不可脱节。

③适用范围：后翻锅一般适用于单柄勺，主要用于烹制汤汁较多的菜肴，旨在防止汤汁溅到握炒勺的手上。

2. 大翻锅

大翻锅是指将锅内的原料，一次性作180°翻转的一种翻锅技法，因翻锅动作及原料在锅中翻转的幅度较大，故称之为大翻锅。大翻锅技术难度较大，要求也比较高，不仅要使原料整个翻转过来，而且翻转过来的原料要保

大翻锅

持整齐、美观、不变形。

大翻锅的手法较多，大致可分为前翻、后翻、左翻、右翻等几种，主要是按翻锅的动作方向区分的，基本动作大致相同，目的一样。

下面以大翻锅前翻为例，介绍一下大翻锅的操作技法。

① 操作方法：左手握炒锅，先晃锅（具体方法见"晃锅"），调整好锅中原料的位置，略向后拉，随即向前送出，接着乘势向上扬起炒锅，将锅内的原料抛向锅的上空，在上扬的同时，炒锅向里勾拉，使离锅的原料呈弧形作180°翻转，原料下落时炒锅向上托起，顺势与原料一同落下并接住原料。

② 技术要领：

A．晃锅时要适当调整原料的位置，若是整条鱼，应鱼尾向前，鱼头向后，若形状为条状，要顺条翻，不可横条翻，否则易使原料翻致散乱。

B．拉、送、扬、翻、接动作要连贯协调，一气呵成。炒锅向后拉时，要带动原料向后移动，随即再向前送出，加大原料在锅中运行的距离，然后顺势上扬，利用腕力使炒锅略向里勾拉，使原料完全翻转；接原料时，手腕有一个向上托的动作，并与原料一起顺势下落，以缓冲原料与炒锅的碰撞，防止原料松散及汤汁四溅。

C．大翻锅除翻的动作要求敏捷、准确、协调、衔接外，还要求做到炒锅光滑不涩，晃锅时可淋少量油，以增加润滑度。

③ 适用范围：大翻锅主要适用于烹制扒、煎、贴等类的菜肴。此种大翻锅技法单柄勺、双耳锅均可使用。

3. 助翻锅

助翻锅（见图7-6）是指炒锅在做翻锅动作时，手勺协助推动原料翻转的一种翻锅技法。

助翻锅

图7-6　助翻锅

① 操作方法：左手握炒锅，右手持手勺，手勺在炒锅的上方里侧，炒锅先向后轻拉，再迅速向前送出，手勺协助炒锅将原料推送至炒锅的前端，顺势将炒锅前端略微翘起，同时手勺推翻原料，最后炒锅快速向后拉回，使原料作一次翻转。

② 技术要领：炒锅向前送时，同时利用手勺的背部由后向前推动，将原料送至炒锅的前端。原料翻落时，手勺迅速后撤或抬起，防止原料落在手勺上，在整个翻锅过程中左

右手配合要协调一致。

③ 适用范围：此种翻锅技法主要用于原料数量较多、原料不易翻转的情况，或使芡汁均匀挂住原料时采用的。助翻锅技法单柄勺、双耳锅均可使用。

单元四 晃锅与转锅操作

1. 晃锅

晃锅（见图7-7）亦称"转菜"，是指将原料在炒锅内旋转的一种勺工技法。晃锅可使原料在锅内受热均匀，防止粘锅或焦煳；调整原料在锅内的位置，以保证翻锅或出菜装盘的顺利进行。

晃锅

图 7-7 晃锅

① 操作方法：左手握住锅柄端平，通过手腕的转动，带动炒锅做顺时针或逆时针方向转动，使原料在锅内旋转。

② 技术要领：晃动炒锅时，主要是通过手腕的转动及小臂的摆动，加大炒锅内原料旋转的幅度，力量的大小要适中，力量过大，原料易转出锅外，力量不足，原料旋转则不充分。

③ 适用范围：晃锅这种技法应用较广泛，如在烹制煎、贴、烧、扒等类菜肴时，以及在翻锅之前都可运用。此种技法单柄勺、双耳锅均可使用。

2. 转锅

转锅

转锅，亦称转勺，是指转动炒锅的一种勺工技法。转锅与晃锅不同，晃锅与原料一起转动，而转锅是锅转料不转。通过转锅，可防止原料粘锅。

① 操作方法：左手握住锅柄，锅不离灶口，快速将炒锅向左或向右转动。

② 技术要领：手腕向左或向右转动时，速度要快，否则炒锅会与原料一起转，起不到转锅的作用。

③ 适用范围：这种技法主要适用于烹制烧类的菜肴，单柄勺、双耳锅均可使用。

单元五　手勺的使用

在中国传统的炒菜过程中，使用勺子辅助抛锅技术已经有数百年的历史。

手勺的使用

最早的炊具是简单的锅，没有配备勺子。当时的厨师们需要用手或其他工具将食材抛起翻动，以达到快速烹饪和均匀加热的目的。随着时间的推移，人们逐渐认识到这种传统烹饪方式的局限性，并开始尝试使用勺子作为辅助工具，以提高烹饪的效果和操作的便利性。

使用勺子的好处在于，它可以辅助控制、平衡和稳定锅中的食材，防止食材溅出或倾斜。同时，勺子的形状和设计也符合烹饪需求，比如有较长的柄部和适当大小的勺面，方便厨师进行翻动和搅拌。

通过勺子的使用，厨师能够更好地掌握炒菜的火候、节奏和力度，使食材在抛锅过程中能够均匀受热，并通过搅拌和混合使调味料和汤汁充分均匀附着在食材表面，增加菜肴的口感和美观度。

因此，抛锅时使用勺子作为辅助工具已经成为中国厨师传统烹饪技巧的一部分。这种传统技术传承至今，为菜肴的烹饪提供了更多的选择和灵活性。

手勺的使用在勺工中起着重要的作用，手勺不单纯是舀料和盛菜装盘，还要参与配合左手翻勺，通过手勺和炒锅两者的密切配合，使原料达到受热均匀、成熟一致、挂芡均匀、着色均匀的目的。手勺在操作过程中大致有拌、推、搅、拍、淋等五种方法。

（1）拌法。当制作煸、炒等类菜肴时，原料下锅后，先用手勺直接翻拌原料将其炒散，再利用翻锅技法将原料全部翻转，手勺动作与翻勺动作相辅相成，使原料受热均匀。

（2）推法。当对菜肴施芡或炒芡时，用手勺背部或勺口前端向前推炒原料或芡汁，扩大其受热面积，使原料或芡汁受热均匀，成熟一致。

（3）搅法。有些菜肴在即将成熟时，往往需要烹入碗芡或碗汁，为了使芡汁均匀包裹住原料，要用手勺口侧面搅动，使原料、芡汁受热均匀，并使原料、芡汁融为一体。

（4）拍法。在烹制扒、熘等菜肴时，先在原料表面淋入水淀粉或汤汁，然后用手勺背部轻轻拍摁原料，可使水淀粉向原料四周扩散、渗透，使之受热均匀，并使成熟的芡汁均匀分布。

（5）淋法。淋法即在烹调过程中，根据需要用手勺舀取水、油或水淀粉，缓缓地将其淋入锅内，使之分布均匀。淋法是烹调菜肴重要的操作技法之一。

《模块小结》

通过本模块的学习，了解勺工是烹调师重要的基本功之一，它是为烹制菜肴服务的。

勺工主要由端握锅、晃锅、翻锅、出锅和手勺动作组成。其中翻锅又叫抛锅，是勺工技术的核心。抛锅可使菜肴厚料在锅内受热均匀、入味均匀、着色均匀、挂芡均匀，保持菜肴的形态。抛锅的方法主要有小翻锅、大翻锅、助翻锅等。手勺在操作过程中大致有拌、推、搅、拍、淋五种方法。

同步练习

一、填空题

1. 勺工技术不仅控制热量的释放，使菜肴在加热、调味和勾芡等过程中达到最佳状态，而且灵活运用各种动作，如＿＿＿＿＿等，有效地帮助厨师将原料的口感和质量提升上去。

2. 烹调工作是高温作业，是一项较为＿＿＿＿＿，平时应注意锻炼身体，要有健康的体魄，有耐久的臂力和腕力。

3. 抛锅涉及＿＿＿＿＿，因此需对原料在锅内的运动从力学原理上加以分析，以便更好地理解、掌握抛锅的技术要领。

4. 向心力是锅中原料获得一定的动力之后，按＿＿＿＿＿、沿锅壁以抛物线的轨迹运动的一个分力。

5. 手勺的使用在勺工中起着重要的作用，手勺不单纯是舀料和盛菜装盘，还要＿＿＿＿＿，通过手勺和炒锅两者的密切配合，使原料达到受热均匀、成熟一致、挂芡均匀、着色均匀的目的。

二、单项选择题

1. 炒勺按外形及用途又可分为炒菜勺、烧菜勺、汤菜勺和（ ）。
   A．漏勺　　　　B．扒菜勺　　　　C．炒菜锅　　　　D．手勺

2. 临灶操作时，面对炉灶，上身自然挺起，双脚与肩同宽站稳，身体与炉灶保持（ ）左右的距离。
   A．3cm　　　　B．5cm　　　　C．10cm　　　　D．15cm

3. （ ）又称颠锅，是最常用的一种翻锅技法，具体又分为前翻锅和后翻锅两种。
   A．小翻锅　　　　B．大翻锅　　　　C．拉翻锅　　　　D．悬翻锅

4. 勺工的基本姿势，是指从事烹调工作时的（ ），它主要包括临灶操作的基本姿势和握锅、握手勺的手势。
   A．功力　　　　B．功架　　　　C．功夫　　　　D．功能

5. （ ）也称"正翻锅"，是指将原料由锅的前端向锅柄方向翻动，其技法又分为拉翻锅和悬翻锅两种。
   A．翻锅　　　　B．后翻锅　　　　C．前翻锅　　　　D．大翻锅

三、简述题

1．简述勺工的作用。

2．简述勺工操作的基本要求。

3．简述前翻锅技法中的拉翻锅和悬翻锅。

4．简述手勺的使用方法。

实训项目

实训任务：翻砂训练（学习抛锅的技能）

实训目的：掌握各种勺工技法，学会抛锅的技术操作，领会操作中的技术关键，为学好烹调技法夯实基础。

实训内容：

1．知识准备

勺工就是厨师临灶运用炒锅（勺）的方法与技巧的综合技术，即在烹制菜肴的过程中，运用相应的力度，不同方向的推、拉、送、扬、托、翻、晃、转等动作，使炒锅中的原料能够不同程度地前后左右翻动，使菜肴在加热、调味、勾芡和装盘等方面达到应有的质量要求。

2．抛锅操作的基本要求

烹调工作是高温作业，是一项较为繁重的体力劳动，平时应注意锻炼身体，要有健康的体魄，有耐久的臂力和腕力；操作时思想要高度集中，脑、眼、手合一，两手协调而有规律地配合。

3．网络调查

利用网络搜索小翻锅、大翻锅、助翻锅、晃锅、转锅等相关知识。

实训要求：

（1）学生完成翻砂训练，教师根据学生任务完成情况打分，并将分数填入技能考核评分表，样表见7-1。

表 7-1　技能考核评分表

姓名	原料名称	考核标准				合计	备注
		基本站姿（20分）	握锅手势（20分）	翻转情况（30分）	熟练程度（30分）		
学生A	砂						
学生B	砂						
学生C	砂						
...	...						

（2）以"大翻锅前翻为例"，叙述操作方法及技术要领。

模块八

火候的掌握与运用

单元一 火候概述

一、火候的概念

烹饪是一个复杂的过程，其目的在于通过传热来变换原料的理化特性，从而使菜肴的色泽、香味、口感和形状达到人们所要求的标准。

火候是指烹制过程中，烹饪原料加工或制成菜肴，所需温度的高低、时间的长短和热源火力的大小。

二、影响火候的因素

恰当的火候有助于菜肴的完成，而不当的火候会使菜肴变质，甚至导致菜肴无法食用。因此，把握和控制火候对于烹饪来说至关重要。火候是根据烹饪原料的性状、传热介质的用量、烹饪原料的投入量、季节的变换等因素来确定的，改变其中任何一个因素都会对最终结果产生重大影响。此外，为了最终能够使菜肴达到理想水平，合理运用火候是必不可少的。

1. 烹饪原料的性状

在烹饪过程中，不同的原料有着不同的性质和形状。比如，原料在软硬度、疏密度、成熟度以及新鲜度等方面会存在差异。同一种原料，如果生长期、收获期或贮藏期有所不同，也会产生差异。而这些差异会直接影响烹饪原料的导热性和耐热性。此外，原料的形状，体积大小、块形薄厚、粗细等因素也会影响传热媒介物的选择和制作菜肴所需的火候。因此，在满足成菜要求的前提下，必须根据烹饪原料的性状来选择合适的传热系统和火候，以保证最佳烹饪效果。一般在成菜制品要求和烹饪原料性质一定时，形体大而厚的烹饪原料在加热时所需的热量较多，反之所需热量较少。所以，在制作菜肴时应根据上述因素的变化来调节火候。

2. 传热介质的用量

常用的传热介质有水、油、蒸汽、盐等。传热介质的用量与传热介质的热容量有关，从而对传热介质温度产生一定的影响。种类一定的传热介质，用量较多时，要使其达到一定温度，就必须从热源获取较多的热量，即传热介质的热容量较大；反之，传热介质用量较少时，热源传输较少的热量就可达到同样高的温度，此时传热介质的热容量较小。可见，传热介质用量会影响温度的稳定性。

3. 烹饪原料的投入量

烹饪原料的投入量对火候的影响，也是影响传热介质温度的因素。一定的烹饪原料要制作成菜肴，需要在一定的温度下加热适当长的时间，烹饪原料投入后会从传热介质中吸取热量，导致传热介质温度降低。要保持一定的温度，就必须有足够大的热源火力相配合，否则温度下降，只有通过延长加热时间来使烹饪原料成熟。因此，烹饪原料投入量越多，影响就越大；反之就越小。

4. 季节的变换

一年四季中，冬季、夏季温度差别较大，这必然会影响到菜肴烹制时的火候。夏季气温较高，热源释放和传热介质载运的热量，较冬季损耗要少得多。在冬季应适当增强热源火力、提高传热介质温度或延长加热时间，在夏季则需要适当减弱热源火力、降低传热介质温度或缩短加热时间。因此在制作菜肴时，应考虑季节变换对火候的影响。

单元二　火力和油温的鉴别及运用

在烹调过程中，控制热源温度的重要性不可忽视。电加热、微波加热和远红外加热被广泛地采用，它们通常都设有温度控制器或显示炉内温度的仪表。燃烧热源虽然在烹调方面应用十分广泛，但其火焰温度的测定尚不可用仪表准确完成，因此，在实际操作中不可能时时做出精准的测定，常需要依靠人的感官来估测火力的大小。根据火焰的高低、火光的明暗及颜色、热辐射及热气的强弱等特征，可将火力划分为旺火、中火、小火和微火等四类。在实践中，这种鉴别方法已被广泛用于烹调过程中控制热源的温度。

一、火力的鉴别及运用

1. 旺火

旺火（见图8-1）又称武火、急火、猛火，是火力最强的一种火。这种火的火焰高而稳定，火光耀眼明亮，呈黄白色，辐射强，热气逼人。这种火力适合烧锅及快速的烹调方法，如炸、炒等。

2. 中火

中火（见图8-2）是介于小火与旺火之间的一种火。其特征是火焰呈红色，高度较旺火低且常会发生摇晃，火光暗淡，辐射较强。这种火力适用于烧、煮、烩、扒、煎、贴等烹调方法，是烹调中应用较多的一种火力。

图8-1　旺火

图8-2　中火

3. 小火

小火（见图8-3）的火焰细小，呈青绿色，火光暗淡且火焰有时有些起落。这种火力适用于煨、炖、焖等。

4. 微火

微火（见图8-4）是火力最小的一种火。火焰很小（或没有火焰），呈蓝紫色，有很弱的热气，适用于加热时间长的烹调方法，如炖、焖、煨和熬汤等。

图 8-3　小火　　　　　　　　　　　　图 8-4　微火

二、油温的鉴别及运用

（一）油温的鉴别

烹调大多与油打交道，于是熟悉油性、识别油温就成了一门基本功。不同油脂及油经反复煎炸，其沸点会发生变化。餐饮行业中一般以成数代替油的温度，30℃为一成。据此，我们将油温分为三四成的低油温、五六成的中油温、七八成的高油温，它们分别对应不同烹调方法的用油情况，适用于不同性质的原料。一般来说，低、中、高油温的鉴别标准如下。

1. 低油温

低油温（见图8-5）油面无青烟，油微动。原料放入后，周围会出现缓慢上升的气泡。这种油温适合于"上浆"原料（如鸡片、枚肉片、虾球等）的"拉油"；有些用雪花糊包裹的原料也适合用这种油温炸制。

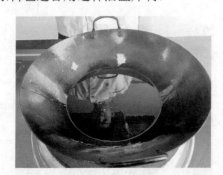

图 8-5　低油温

2. 中油温

中油温（见图8-6）油面微有青烟，有明显的波动。原料入锅后，周围会出现较多的气泡，并有一定的响声。这种油温适合炸制上粉、挂糊的原料，如"鸳鸯百花虾""腌肉虾卷"等菜肴的炸制。

图 8-6　中油温

3. 高油温

高油温（见图8-7）油面有明显的青烟。原料下入后，周围有滚动的气泡，并有较大的响声。这种油温适合炸制体大的生鱼，以及生鹅掌、生鸡爪等。

图 8-7　高油温

（二）油温的运用

在烹调中，用油量有多有少，火力有大有小，油在加热过程中温差较大，原料的体积、质地和投放的数量也不一样。因此，在运用油温烹调时，应注意以下几个关键。

1. 油温、油量、火力与原料的关系

烹调时，旺火可以加热油温，中火也可以加热油温，只是加热时间不同。如一只锅内有1000g油，另一只锅内有2000g油，温度相同，但炸制同一款菜肴原料的效果就不一样；如果这款菜肴原料适于在1000g的油温中走油，如在2000g的油温中走油就会出现"过火"现象。因为两者的油温虽然一样，但有油量的差异，油量多则热量大、热量持久；油量少则热量相应就会减少，热量持久性也会差些。如果要使两者保持热量均衡，使同一款菜肴原料取得一致的炸制效果，就要调解火力，将盛油量多的锅下火力适当调小，将盛油量少

的锅下火力调大。这是从油温相同、油量不同，菜肴原料一样的角度来解释。如果是相同的油量、相同的油温炸制相同的菜肴原料，那就要看锅下的火力如何了。在这种情况下，如果锅下的火力不一样，这款菜肴原料的炸制效果也会不同。当锅下的火力大时，原料应在不到所需要的温度时下入，随着原料的下入，火力也迅速增强，及时达到了所需要的温度。如果锅下火力大，原料在达到所需要的油温时下入，随着原料的下入，油的温度也很快升高，原料会出现"过火"的现象。反之，当锅下火力小时，原料应在达到略高于所需要的温度时下入，由于锅内油温高，有一定的热容量，可以弥补火力不足。所以，当我们烹调菜肴时，要统一考虑油温、油量、火力与原料的关系。

2. 根据火力大小掌握油温与原料下锅的时机

（1）猛火。原料下锅时的油温应稍低一些，因为猛火可使油温迅速升高，如猛火高油温下料，则会出现原料粘锅不散、外焦内不熟的现象。

（2）中火。原料下锅时的油温可稍高些，因为中火加热，油温回升得慢，如中火低油温下料，则易出现脱浆现象。

3. 油温与原料体积、质地的关系

各种原料在过油时，由于体积、质地不一样，过油时的油量和过油时间也就不同。一般说来，体积大、质地细嫩的原料，宜用旺火热油，炸制时间较短（如整条鱼、斩件的鱼块等）；体积小、质地细嫩的原料，宜用中火温油，过油时间也要短（如上浆的虾球）；体积大、质地较鱼肉稍韧的原料（如整只鸡），宜用中火温油，但炸制时间要长些；体积小、质地坚韧的原料（如猪排骨），也宜用中火温油，炸制时间也宜长些；体积大又较为坚韧的原料，一般不宜炸制（如大块的生牛肉），而宜煮、卤或酱制。

体积大、质地细嫩的原料，因肉层厚、水分大，需用较高温的油及时吸干原料泌出的水，又因其自身传热较快，随着水的泌出，原料成熟度达到要求，因此也就决定了其炸制时间要短些。

体积小、质地细嫩的原料，因肉层较薄，如用旺火热油，泌出的水与热油的吸力不能保持平衡，因而会出现外表变焦、内质老化的现象；如用中火温油就可弥补这些不足。

4. 油温与原料数量的关系

在烹调中，油的温度范围是固定的，但经油炸制的原料数量是不固定的，有时仅炸制一盘菜肴的原料，有时要将20席的菜肴原料一次性炸成。如果锅下的火力相同，下油炸制的原料数量较多，就要在油温高出所需温度时下入，因为较多的原料会使油温迅速下降，火力又不能迅速使油温恢复至未放原料时的温度；要解决这个问题，唯有提高原料入油时所需要的温度。如果下油炸制的原料数量较少，就要在油温略低于所需要的温度时将原料下锅；因为原料数量少，油温降低的幅度也小，锅下的火力会及时补充上来。

因而我们在运用油温时，主要是综合考虑锅下火力大小、油量多少、油温的变化，以及原料的数量、体积、质地。这要在实践中不断领会、积累经验。

操作要求：

（1）上粉上浆的原料应分散下油锅。

（2）不上粉、上浆的原料应抖散下锅。

（3）如火力太大，油温上升过快，要将油锅端离火位或将火熄灭或加入冷油。

（4）控制油温必须要能熟练运用抛锅技术。

拓展阅读

> 辽宁省某村一家饭馆发生火灾，火灾发生时，工人正在熬制辣椒油，结果油温过高导致油锅起火，引燃了周边的可燃物，最终导致液化气罐发生闪爆。
>
> 杭州市钱塘区一家土菜馆员工赵某在使用明火热油过程中离开厨房到餐馆门口杀鱼，导致厨房内油烟管道起火。
>
> 在案例中我们不难发现，厨房火灾往往是因为疏忽大意和消防安全意识淡薄造成的。餐饮工作人员应增强自身的消防安全意识，注意用火用电安全，在厨房操作过程中做到人离火熄，提高在操作过程中的责任感！

单元三　火候的掌握

掌握火候是指在烹调过程中，根据原料的性质、加工的形状、环境条件、烹调方法、菜肴的质量要求，及各地区人们不同的饮食习俗，确定火力大小及成熟时间长短。

一、掌握火候的原则

1. 必须适应烹调方法的需要

不同的烹调方法对火候的要求各不相同，必须根据不同的烹调方法采用合适的火候，如炒是一种快速烹调方法，一般要求旺火，时间较短。炸，一般用旺火，时间不能太长。浸炸，先用旺火，把油烧至高温，放入物料，转入微火浸炸至脆，时间较长。炖，一般先用旺火，后用微火，时间也较长。

2. 根据原料种类及其性质确定火候

不同种类的原料由于具有不同的性质，火候要求也必然不同。质老形大的原料，宜长时间小火烹制；质嫩外形较小的原料，宜短时间旺火烹制。

3. 同一种原料，加工形状不同，火候也不同

大块较厚的原料，烹制时宜用微火，加热时间要长些；反之，可用旺火，加热时间要短些。

4. 原料的规格、数量不同，运用的火候也不同

原料经刀工处理成丝、片、块等不同的规格，一般情况下，丝、薄片较易熟，加热时间一般比较短；但厚片、块较难熟，加热的时间必然长些。原料的数量较多，须用较多的热量才能成熟，故加热的时间也需要长一些。

5. 根据饮食习俗不同而定火候

我国幅员辽阔，各地饮食习俗差异较大，对原料成熟度的要求不尽相同，因此，在烹制菜肴时要充分考虑各地的饮食习俗。如大多地区对于牛羊肉要求达到软烂的口感，但西部一些地区则要求牛羊肉要有嚼劲，断生即可；北方人做鱼要求时间要长，俗称"千滚豆腐，万滚鱼"，而南方很多地区做鱼要求鲜嫩，时间要短，有的只需几分钟即可。

二、掌握火候的要领

在烹制菜肴的过程中，可变因素较多，而且变化复杂。编者根据烹饪原料的性状差异、菜肴制品的不同要求、传热介质的不同、投料数量的多少、烹调方法等可变因素，结合烹调实践总结出以下掌握火候的要领。

（1）质老形大的烹饪原料需用小火，长时间加热。

（2）质嫩形小的烹饪原料需用旺火，短时间加热。

（3）成菜质感要求脆嫩的需用旺火，短时间加热。

（4）成菜质感要求软烂的需用小火，长时间加热。

（5）以水为传热介质，成菜要求软嫩的需用旺火，短时间加热。

（6）以水蒸气为传热介质，成菜质感要求鲜嫩的需用大火，短时间加热；而成菜质感要求较烂的，则需用中火，长时间加热。

（7）采用炒、爆烹调技法制作的菜肴，需用旺火，短时间加热（旺火速成，急火快炒）。

（8）采用炸、熘烹调技法制作的菜肴，需用旺火，短时间加热。

（9）采用炖、焖、煨烹调技法制作的菜肴，需用小火，长时间加热。

（10）采用煎、贴烹调技法制作的菜肴，需用中、小火，加热时间略长。

（11）采用氽、烩烹调技法制作的菜肴，需用中、大火，短时间加热。

（12）采用烧、煮烹调技法制作的菜肴，需用中、小火，长时间加热。

综上所述，火候的掌握应以菜肴成品的质量标准为准绳，以原料的性状特点为依据，还应根据实际情况随机应变，灵活运用。另外，我们还可以根据食物的变化来掌握火候，如蔬菜从墨绿变成碧绿为成熟；鱼熟后眼珠会突出，鱼鳍会翘起等。

三、掌握火候的方法

1. 根据原料的形态及颜色变化

烹调原料多为热的不良导体，传热的速度一般比较慢，较大的原料受热时，热从原料

表面传到中心，需要较长的时间，故一般要用较长时间的慢火烹制。

颜色变化是物质内部分子结构发生变化的一种表现。如肌肉中由于存在肌红蛋白而呈红色，当受热至70℃以上时，便开始变性，颜色由血红转变为灰白。因此，可根据原料颜色的变化来掌握火候。

2. 根据原料加工后的形状

原料经刀工加工成各种规格和形状，一般来说，形状规则，厚度大、体形大的原料比较难熟，用大火或加热的时间较长；而形状不规则，厚度小、体形小的原料较易熟，用小火或加热的时间相对短。

3. 视原料质地决定投放次序

原料的质地是决定烹调火候的重要因素，在烹制菜肴的过程中，应根据原料的质地决定加热时间的长短；质地老韧的原料，所需加热时间较长，应先投料；质地细嫩的原料，所需加热时间较短，应后投料。

4. 根据菜肴的风味特色掌握火候

我国地域广阔，人口众多，饮食习惯各不相同，对菜肴特色的要求也各不相同，因而形成具有不同特色的菜系。各菜系的口味有许多差异，烹调方法也有所区别，必须按各菜系的要求，使用不同火候，才能烹制出具有不同特色的菜肴。如以鲜嫩为特色的菜肴，加热的时间不宜过长；而以汁浓重口为特色的菜肴，则加热的时间较长。

四、掌握火候的关键

（1）要善于观察火力。

（2）熟悉各种判断油温的方法，准确地判别油温。

（3）掌握好油温高低、火力大小与原料下锅的时机。

单元四　热媒介与菜肴质感

原料在烹调中，经过加热，就会发生由生到熟的变化。这种变化是质的变化。由于各种原料的质地、性能不同，所以在由生变熟的过程中，质的变化也不相同。这种质的变化，往往与传导热量的媒介物质紧密相关。因此，了解不同热媒介与菜肴质感之间的对应关系，对我们学习各种烹调方法至关重要。

尽管烹调方法多种多样，但归纳起来，原料的加热方式主要有油传导加热、水传导加热、蒸汽传导加热和热空气传导加热。

一、油

在烹调中，原料经过炸制、走油（过油）、拉油（划油）等加热程序，均属于油传导加热。油传导加热的方法主要有炸、煎、熘、烹等。其中，炸、煎应该算是纯粹的油传导加热。用油传导加热方式烹制的菜肴，一般具有酥脆、干香和嫩的特点。

1. 酥脆

炸制的原料，在经过上粉或挂糊后，经较高油温加热，便可产生酥脆的效果。这是因为油的温度越高，对原料的干燥和凝固作用越强。经过上粉或挂糊的原料下入高温油锅后，外部立即干燥、收缩，粉糊会凝结成一层硬膜，使包裹在内部的原料的汁浆、水分不易排出，形成了外酥里嫩的状态。

2. 干香

原料想取得干香的效果，也要采用油传导加热方式。动物性原料在改刀后，不上粉上浆（但需腌味），经两次热油翻炸，其所含的水分已经完全排除，炸后变得色泽深红、干燥硬实。如果这样就食用，还没有干香的效果，只是感到焦硬难嚼。因此，还必须使其回软，即用调味品和汤汁以小火慢煨，使这些干燥硬实的原料在加温的过程中被调味品和汤汁所滋润，因此成菜后，其硬度不仅会降低，而且味透肌里，越嚼越有味。

3. 嫩

炸制原料经过油传导的加热方式后，也可产生嫩的效果。这种"嫩"又可分为两类。

（1）"炸"后之嫩。以"炸"的烹调方法制作出来的菜肴，具有嫩的特色，如用雪花糊和软炸糊包裹原料炸制出来的菜类。制作雪花糊的主要原料是鸡蛋白（鸡蛋清），鸡蛋白经抽打后呈现膨胀绵松的泡沫状，质地较嫩的鸡蛋白的"筋性"被完全破坏了；又因炸制时用小火温油，由于油温很低，只能起到熟制的作用，起不到干燥的作用，因此成菜就基本保持了嫩的特点。

（2）"拉油"后之嫩。拉油一般是指将切成片、丝、丁的动物性原料经"上浆"后，用温油划散至熟（又称划油）。如香芒鸡柳、油泡虾仁等，这些菜肴的原料在用油传导加热时，都采用拉油的方法。用拉油的加热方法制作出来的菜肴，都具有嫩的特色。因为"上浆"的原料多用梅花肉、里脊、鸡胸肉、虾肉、鱼肉等，本身质地就很细嫩，经"上浆"用温油加热后，由于油温不高，对原料表面蘸裹的浆粉起不到干燥和硬化作用，浆粉糊化成一层软嫩的膜，而浆糊里面原料的嫩性又被基本保持住了，所以成菜后嫩的特色很明显。

操作要求：

（1）要形成外酥里嫩型的菜肴，要分两次炸，第一次应用140～150℃的热油短时间处理，第二次再用180℃热油短时间处理，如菊花鱼、脆皮鱼、咕噜肉等。

（2）要形成里外酥脆的菜肴，可用130～140℃热油中时间处理，并保持油温，注意防止油温过高，使原料外表炭化，影响里外质感一致，如炸花生。

（3）要形成软嫩的菜肴，要用 80～120℃的油温短时间加热，如拉油炒的菜。

二、水

在烹调中，原料经过水（包括汤）加热的程序，属于水传导加热。水传导加热的烹调方法主要有涮、煲、煮、氽、烩、烧、卤、酱、熬、炖等。其中的煲、烧等方法，虽然原料在烹调时往往还需要过油炸等辅助性加热（如"红烧豆腐"一菜，豆腐先要经油炸制，再加汤汁和调味品烧成），但主要的热传导方式还是汤水，仍是以水传导加热为主。

水的传热作用虽然较弱，但用于烹调的范围很广，无论是质地细嫩还是坚韧的原料，都可用水传导加热的方式烹制成菜肴，如西芹、油菜、盖菜等。细嫩的蔬菜类原料，在制成菜肴之前，一般都要经过水传导加热的方式，然后再进行烹调；坚韧的原料如牛肉、排骨等，则需经水进行较长时间的加热才能成熟。

用水传导加热方式烹制的菜肴，一般具有软、糯和汤汁鲜美的特点。

1. 软

蔬菜类原料在烹调中多采用水传导加热的方式。蔬菜中的纤维素和细胞壁会随着烹饪时间的增加而变得柔软，但同时会流失一部分营养素。胡萝卜在没加热前，是较硬而饱满的，经水加热后，就会变软了。其他蔬菜也是这样，蔬菜经水传导加热降低了硬度，提高了软性，是符合人们的咀嚼感受的。

2. 糯

质地较为坚韧的原料，经较长时间的水传导加热，便会产生糯的效果。这种效果是油传导加热无法实现的。因为这些原料的纤维组织和细胞比较坚硬，即使用高温的油也不会一下子破坏，必须采用水传导加热的方式，才能彻底破坏它们的纤维组织和细胞，使它们由硬变糯。生牛肉块经油炸后，虽然能达到可食用的程度，但没有糯的口感；如经水长时间炖制，便会产生糯的效果。因此，煮、煲、炖、熬、焖等烹调方法，是使原料变糯的最佳烹调方法。

3. 汤汁鲜美

采用水传导加热的烹调方法，成菜时一般多带有汤汁。原料用水传导加热时，其中的营养成分以及浆汁便会溶于水中，成为美味的汤汁。调味品也会渗入原料内部，使其味道鲜美。

三、蒸汽

在烹调中，原料经过蒸箱、蒸笼、蒸锅等加热程序，均属于蒸汽传导加热，以蒸汽传导加热的方法便称为"蒸"的烹调方法。在烹调菜肴中，蒸汽传导加热又分为两种，一种是烹调前的预制，如蒸干贝、蒸北菇、蒸大乌参等；蒸这些原料不是最后的烹调方法，只是将其蒸糯或入味，以便烹调时能达到菜肴软烂、鲜嫩的目的。另一种蒸法便是最后的烹调方法了，如清蒸人参鸡、清蒸红海斑、红莲雪蛤等，菜肴蒸熟后，可直接供给顾客。

用蒸汽传导加热，比用水传导加热的效果好。因为原料在蒸汽中加热，不接触汤水，避免了可溶性营养物质的流失，因此能保持原料中的养分和滋味。用蒸汽传导加热的原料一般都要先调味再蒸制。

以蒸汽传导加热，原料受热均匀，可以加快成熟，减少水分流失，使原料达到鲜嫩、软烂的效果。

操作要求：

（1）菜肴要求嫩滑的，应用大火、足汽、短时间蒸制，如蒸鱼、虾、蟹等。

（2）菜肴要求软烂的，可选用中火、中汽、慢蒸的方式蒸制。

（3）菜肴要求软嫩的，一般用小火、放汽、稍长时间蒸制，如蒸水蛋。

四、热空气

在烹调中，原料经过烤箱、烤炉等加热程序，均属于热空气传导加热；热空气传导加热的方法称为"烤"的烹调方法。

热空气传导加热是干燥性的加热。因为烤具是封闭的，水分蒸发较慢，原料泌出的浆汁有一部分停留在原料的表面，有一部分则流溢出来，缓冲了热空气的干燥性加热程度，成品便会变得皮脆而肉嫩。

模块小结

本模块对火候做了科学合理的解释，在对火力特征进行细致描述的同时，对火力做了较合理的分类。

掌握火候是厨师必备的技能，它可以在烹调中起到极关键的作用。

（1）要充分了解影响火候的因素。影响火候的因素包括烹饪原料的性状、传热介质的用量、烹饪原料的投入量、季节的变换等。

（2）要能鉴别及运用火力。火力可分旺火、中火、小火及微火等四种，可以根据烹调的需要运用适当的火力。

（3）要能够识别及合理运用油温。低油温油面无青烟，油微动，原料放入后，周围会出现缓慢上升的气泡。中油温油面有青烟，有明显的波动，原料入锅后，周围会出现较多的气泡，并有一定的响声。高油温油面有明显的青烟，原料下入后，周围有滚动的气泡，并有较大的响声。

（4）要全面掌握火候。火候的掌握要做到心中有数，也就是根据不同的烹调需要分别掌握各种火候，以保证菜肴的质感。

（5）要正确使用传导热量的热媒介。一般而言，热媒介可以分为水、油、蒸汽和热空气，这些热媒介能够影响菜肴的质感。

《同步练习》

一、填空题

1. ＿＿＿＿是指烹制过程中，烹饪原料加工或制成菜肴，所需温度的高低、时间的长短和热源火力的大小。

2. ＿＿＿＿是根据烹饪原料的性状、传热介质的用量、烹饪原料的投入量、季节的变换等因素来确定的。

3. 烹饪原料的性状是指烹饪原料的性质和＿＿＿＿。

4. 用水传导加热方式烹制的菜肴，一般具有＿＿＿＿、糯和汤汁鲜美的特点。

5. 根据火力的直观特征，可将火力分为微火、小火、中火、＿＿＿＿四种情况。

二、单项选择题

1. 烹调大多与（　　）打交道，于是熟悉油性、识别油温就成了一门基本功。
   A. 烹　　　　B. 水　　　　C. 油　　　　D. 盐

2. 饮食行业中一般以成数代替油的温度，（　　）为一成。
   A. 20℃　　　B. 30℃　　　C. 35℃　　　D. 40℃

3. （　　）油面无青烟，油微动。原料放入后，周围会出现缓慢上升的气泡。
   A. 低油温　　B. 中油温　　C. 高油温　　D. 中高油温

4. 以（　　）的烹调方法主要有涮、煲、煮、氽、烩、烧、卤、酱、熬、炖等。
   A. 水传导加热　　　　　　B. 油传导加热
   C. 蒸汽传导加热　　　　　D. 热空气传导加热

5. （　　）传导加热是干燥性的加热。
   A. 热空气　　B. 热水器　　C. 冷空气　　D. 空气

三、简述题

1. 简述油温与原料数量的关系。
2. 简述掌握火候的原则。
3. 简述掌握火候的方法。
4. 简述掌握火候的关键。

实训项目

实训任务：火候的掌握与运用（火力观测）

实训目的：了解火候的概念，能够鉴别和运用火力，掌握影响火候的因素。

实训内容：

1. 知识准备

（1）掌握火候的原则。必须适应烹调方法的需要；根据原料种类及其性质确定火候；同一种原料，加工形状不同，火候也不同；原料的规格、数量不同，运用的火候也不同；根据饮食习俗不同而定火候。

（2）掌握火候的方法。根据原料的体态及颜色变化；根据原料加工后的形状；视原料质地决定投放次序；根据菜肴的风味特色掌握火候。

（3）火力的分类。

1）旺火又称武火、急火、猛火，是火力最强的一种火。这种火的火焰高而稳定，火光耀眼明亮，呈黄白色，辐射强，热气逼人。

2）中火是介于小火与旺火之间的一种火。其特征是火焰呈红色，高度较旺火低且常会发生摇晃，火光暗淡，辐射较强。

3）小火的火焰细小，呈青绿色，火光暗淡且火焰有时有些起落。

4）微火是火力最小的一种火。火焰很小（或没有火焰），呈蓝紫色，有很弱的热气。

2. 网络调查

通过网络搜索更多关于火力分类的相关知识，以更好地鉴别和使用火力。

实训要求：

（1）学生分小组完成"火力观测调查表"（样表见表8-1）。

表 8-1　火力观测调查表

组　　别	观测指标				火力等级
	火焰特征	火的亮度	火光颜色	火焰热感	
A 组					

（2）根据所学内容，介绍如何鉴别火力的大小。

模块九

菜肴的盛装与美化

单元一　菜肴的盛装

一、菜肴盛器的种类

中国瓷器历史悠久、工艺精湛，不仅在国内广泛流传，还成为中国文化的重要使者，通过丝绸之路等渠道传播到世界各地。

用适当的盛器来装饰菜肴，可以提升食物的视觉效果，从而增强消费者对菜肴的热情。使用不同类型的盛器盛装菜肴，可以显著影响人们对其口感和味道的评价，因此，盛器与菜肴的配合应受到重视。

菜肴装盘时所用盛器的种类很多，大小不一，在使用上各地也有所不同，难以一一列举，仅将几种常用的盛器介绍如下。

1. 腰盘

腰盘（见图9-1）又称长盘、鱼盘，是椭圆形扁平的盛器。腰盘尺寸大小不一，最小的长轴18cm，最大的长轴70cm。小的可盛各式小菜，中等的盛各种炒菜，大的盛整只鸡、鸭、鱼等大菜及作宴席冷盘使用。

2. 圆盘

圆盘（见图9-2）又称平盘，是圆形扁平的盛器，尺寸大小不一，最大的直径为53cm，主要用于盛无汁或汁少的热菜与冷菜。

图 9-1　腰盘

图 9-2　圆盘

3. 汤盘

汤盘也是圆而扁的盛器，但是盘的中心凹下，最小的直径为20cm，最大的直径约40cm。汤盘主要用于盛汤汁较多的烩菜、熬菜、半汤菜等，有些分量较大的炒菜，如炒黄鳝糊，往往也用汤盘盛装。

4. 汤碗

汤碗专作盛汤用，直径在 27～40cm 之间。还有一种带盖的汤碗，叫瓷品锅，主要用于盛整只鸡、鸭制作的汤菜，如香菇春鸡、清炖鸭子等。

5. 扣碗

扣碗专用于盛扣肉、扣鸡、扣鸭等，使菜肴成熟后形态完整。其直径一般为17～27cm。还有一种扣钵，一般用于盛全鸡、全鸭、全蹄等。

6. 砂锅

砂锅既是加热用具，又是盛器，适用于炖、焖等用小火加热的烹调方法。原料成熟后，就用原砂锅上席，因热量不易散失，有良好的保温性能，故多在冬天使用。砂锅规格不一、形式多样。

7. 汽锅

汽锅呈扁圆形状，有盖，由锅底突起一段汽孔道，一般为陶土制品（云南特产）。还有一种菊花锅，无炉膛，用酒精作燃料，在锅下烧火，四面出火，火力较强。这两种锅都能够自身供给热能，使汤水滚沸，可以临桌将生的原料放入锅中烫涮，边涮边吃。汽锅一般在秋冬季使用。

二、菜肴盛装的基本原则

（1）盛器的大小应与菜肴的分量相适应，量多的菜肴应该用较大的盛器，量少的菜肴应该用较小的盛器。

如果把量多的菜肴装在小盘小碗内，菜肴在盛器中堆砌得很满，甚至使汤汁溢出盛器，不但不好看，还影响清洁卫生；如果把量少的菜肴装在大盘大碗内，菜肴只占盛器容积的很小一部分，就显得分量不足。所以盛器的大小应与菜肴的分量相适应。一般来说，装盘时菜肴不能装到盘边，应装在盘的中心；装碗时汤汁不能浸到碗沿，应占碗的容积的80%～90%。

（2）盛器的品种应与菜肴的品种相配合。盛器的品种很多，各有各的用途，必须用得恰当，如果随便乱用，不仅有损美观，而且食用也不方便。

例如，炒菜、冷菜宜用圆盘或腰盘；整条鱼宜用腰盘；烩菜及一些汤汁较多的菜肴宜用汤盘；汤菜宜用汤碗；砂锅菜、火锅菜应原锅上席。

（3）盛器的色彩应与菜肴的色彩互相协调。盛器的色彩如果与菜肴的色彩配合得当，就能把菜肴的色彩衬托得更加美观。

一般情况下，洁白的盛器对大多数菜肴都是适用的。但是有些菜肴，如果用带有色彩的盛器来盛装，可进一步衬托出来菜肴的特色。例如，滑熘鱼片、芙蓉鸡片、炒虾仁等装在白色的盘中，色彩就显得单调；装在带有淡绿色或淡蓝色花边的盘中，就鲜明悦目。

单元二　菜肴的美化

菜肴的美化是指利用烹饪原料的可塑性及其自然形态，结合刀工和一些相关技法，创造出来具有一定可视形象的立体图形。菜肴美化是我国烹调工艺的重要组成部分，是饮食审美的重要内容，主要包括凉菜造型、热菜造型和盘饰设计三大部分。

一、中式菜肴美化的基本原则

1. 实用性原则

实用性，即有食用价值；不搞"花架子"，防止中看不中吃。这是一条总的原则，是菜肴美化的基本前提条件。菜肴美化，实际上是以食用为主要目的的一种特殊造型形式，它不同于其他造型工艺。如果菜肴美化不具备食用性或者食用性不强，也就失去了造型的意义和作用，不可能有生命力和存在价值。尤其是凉菜造型更要注意食用性，一些传统的彩色拼盘食用性差，有的甚至根本不能食用。究其原因，一是生料多；二是使用色素；三是工艺复杂，花费太多时间；四是卫生差。于是名曰"看盘"，即只能看，饱饱眼福，不能食用。中国传统烹饪文化，对于现代厨师来说，一定要用"扬弃"的观念来继承，不能盲目效仿。"看盘"在现代饮食生活中已没有实际意义。

菜肴美化的实用性主要体现在以下三个方面。

（1）色、香、味、质要符合卫生标准，调制要合理，不使用人工合成色素。

（2）造型菜肴要完全能够食用，要将审美与可食性融为一体，诱人食欲，提高食兴。

（3）作为盘饰的"花花草草"，尽量要既能美化菜肴、提升宴席品味，也能够食用。

2. 技术性原则

技术性，是指菜肴的美化应当具备一定的操作技巧，烹调原料从选料到完成菜肴造型，技术性贯彻始终，并且起着关键作用。

中式菜肴美化的技术性主要体现在以下四个方面。

（1）扎实的基本功是基础。烹调工艺的基本功是指在制作菜肴过程中必须熟练掌握的实际操作技能。

（2）充分利用原料的自然形态和色彩造型是技术前提。中式烹调原料都有特定的自然形态和色彩，尽可能充分利用原料的自然形态和色彩，组成完美的菜肴造型，既遵循自然美法则，又省工省时，是造型技术的重要原则。例如，黑、白木耳形似一朵朵盛开的牡丹花，西红柿形如仙桃一般，等等。如果在表现技法上加以适当利用，使形、情、意交融在一起，能收到强烈的表现效果。

（3）造型精练化是技术关键。从食用角度看，菜肴普遍具有短时性和及时欣赏性，造型菜肴也同样如此。高效率、快节奏，是现代饮食生活的基本特点之一，尤其是在饮食消费场所，客人等菜、催菜，十分影响就餐情绪，弄不好就容易造成顾客投诉。美化菜肴要求遵守精、快、好、省的原则，一要准备充分；二要精练化，程序和过程宜简不宜繁，能在短时间内供客人食用；三要在简洁中求得更高的艺术性，不失欣赏价值。

（4）盛具与菜肴配合能体现美感，是充要条件。不同的盛具对菜肴有着不同的作用和影响，如果盛具选择适当，可以把菜肴衬托得更加美丽。

3. 艺术性原则

菜肴的艺术性，是指通过一定的造型技艺形象地反映出造型的全貌，以满足人们的审美需求。具有艺术性的菜肴造型是突出菜肴特色的重要表现形式，它能通过菜肴色、形、意的构思和塑造，达到景入情而意更浓的效果。

菜肴造型的艺术性主要表现在以下两个方面。

（1）意境菜特色显明。意境是客观景物和主观情思融合一致而形成的艺术境界，具有情景交融和虚实相生以及激发想象的特点，能使人得到审美的愉悦。中式菜肴造型由于受多种因素的制约，使意境具有鲜明的个性化特色。

菜肴造型受菜盘空间制约，其艺术构想和表现手法具有明显的浓缩性。艺术构想以现实生活为背景，以常见动植物烹饪原料形态为对象，以食用性为依托，以食用性和欣赏性的最佳组合为切入点，以进餐规格为前提，以深受消费者认可和欢迎为目标，以时代饮食潮流为导向。艺术构想是对饮食素材的提炼、总结和升华，强调突出原料固有的特性，具有很强的可操作性，且技术处理高效快速，简便易行。

艺术构想的内容和表现形式受厨师艺术素养的制约。丰富和提高厨师的艺术素养，是菜肴造意的基础。菜肴艺术性表现手法多样，主要为比喻、象征、双关、借代等。

1）比喻。比喻是用甲事物来譬比与之有相似特点的乙事物，如名菜"鸳鸯戏水"，就是用鸳鸯造型来比喻夫妻情深恩爱。

2）象征。象征是以某一具体事物表现某一抽象的概念，主要反映在色彩的象征意义方面。色彩的象征意义如下。

①红色：象征热情、奔放、喜庆、健康、好运、幸福、吉祥、兴奋、活泼。

②橙色：象征富丽、辉煌。

③黄色：象征伟大、光明、温暖、成熟、愉快、丰收、权威。

④灰黄：象征沉着、稳重。

⑤绿色：象征春天、生机、兴旺、生命、安静、希望、和平、安全。

⑥白色：象征光明、纯洁、高尚、和平、朴实。

⑦黑色：象征刚健、严肃、坚强、庄严。

⑧蓝色：象征宽广、淡雅、恬静。

⑨紫色：象征高贵、娇艳、爱情、庄重、优越。

⑩褐色：象征朴实、健康、稳定、刚劲。

3）双关。双关是利用语言上的多义和同音关系的一种修辞格。菜肴造型多利用谐音双关，如"连年有余（鱼）"等。

4）借代。借代指以某类事物或某物体的形象来代表所要表现的意境，或以物体的局部来表现整体。如"珊瑚鳜鱼"是借鳜鱼肉的花刀造型来表现珊瑚景观。

（2）菜肴造型的形象特征表现为具象和抽象两大类。具象主要是指用真实的物料表现其真实的特征，在形式上主要表现为用真实的鲜花等进行点缀，以烘托菜肴的气氛。抽象化是造型菜肴最主要的艺术特征，它不追求逼真或形似，只追求抽象或神似。因此，在艺术处理上通常表现为简洁、粗犷的美。

在上述三大原则中，实用性是目的，技术性是手段，艺术性对实用性和技术性起着积极的作用，三者密不可分。

二、菜肴造型的构成规律

1. 几何形体的造型

几何形体的造型是指烹调原料经过刀工处理后的各种形状，主要以片、丁、丝、条、块、段、茸、末、粒、球、花为主，它们是菜肴最基本的造型表现形式。通常也借助机械操作和一些模具予以造型，这里从略。

2. 象形形体的造型

象形形体是利用原料的可塑性，以自然界某一具体物象为对象，用烹调原料模仿制作出该物象的形体。一般分仿烹饪原料造型和仿自然形体造型两种。

（1）仿烹饪原料造型。这是容易让人接受的一种菜肴造型，通常表现为用一种或几种烹饪原料制作成另一种烹饪原料的形态，如素排骨、素火腿、仿鸡腿、仿金橘饼等。

（2）仿自然形体造型（见图9-3、图9-4）。仿自然形体是以自然界或生活中某一具体的物象为对象，结合烹饪原料可塑性的特点，对烹饪原料加以处理，成为具有一定形体特征和物象特点的菜肴，如孔雀形（孔雀武昌鱼）、梳子形（梳子腰片）、琵琶形（琵琶鱼糕）等。仿自然形体在中式烹调工艺学中具有重要的地位，也是中式菜肴造型发展的方向。

图9-3　仿自然形体造型1　　　　　图9-4　仿自然形体造型2

三、菜肴造型的基本手法

菜肴造型的基本手法，是指通过一定的技术和工艺流程，把菜肴意境用实用性的烹调原料表现出来。

1. 凉菜造型的表现技法

（1）点堆法。点堆法是指把类似圆球的熟制凉菜，按其大小的不同和造型的要求在盘中进行堆放,如麻仁球等。

(2) 块面平放法。块面平放法是指将成形的块面,用刀切成便于食用的小块,平放于盘中成形,如水晶鱼冻等。

(3) 块面堆码法(见图9-5)。块面堆码法是指将成形的各种块面,按形象需要进行堆码。一般堆码成长方体或扇形等,如姜葱熏鱼、凉拌瓜条等。

(4) 围摆成形法(见图9-6)。围摆成形法是一种非常讲究刀面的成形技法,也是传统凉菜独碟的主要成形技法之一,分垫底、围边、盖面三个步骤,主要适用于荤料。垫底,是把一些零碎的、不整齐的原料放在底部。围边,首先削整好原料形状,再切成薄片均匀铺开,然后围摆在垫底料周边(一般从顺、逆时针两个方向围摆)。最后盖上刀面料,整体造型多呈元宝形。

图9-5 块面堆码法

图9-6 围摆成形法

(5) 自然成形法。自然成形法是指将一些丝、丁等原料进行堆放,成为自然形状。

拓展阅读

　　2018年5月8日,某市消防支队指挥中心接到报警:一名工作人员手被机器卡住,情况十分危急,需要救助。消防官兵到达现场后发现,一名妇女右手手掌被切片水果机紧紧"咬"住,手部有流血现象,剧烈的疼痛已经让伤者神志不清了,现场医护人员正在对其进行救治。在为被困人员做好简易保护后,消防官兵利用液压扩张器破拆进行施救,并用撬棍进行顶撑。经过十几分钟的紧张救援,终于将卡口撑开,被困人员被成功救出,现场医护人员马上对其进行了紧急医治。

　　据了解,事发地点是该市某工业园一区的一家副食品加工厂,当时伤者正在操作间用切片机切割红薯,但由于操作不当,误将手伸进了食材入口。切片机、绞肉机"咬"人事件屡见不鲜,操作失误引发的悲剧时有发生,工作人员在操作机械时一定要注意按照要求进行作业,避免类似的意外情况发生。

　　厨房工作人员应严格遵守餐饮设备安全操作规程,使用机器设备前应先检查电源、插座、机件等是否安全有效,如有问题,停止操作,及时报修,严禁盲目操作;机器运转时严禁将手和其他物品放入食材入口操作,以免发生危险。

2. 热菜美化的表现技法

常见的热菜美化表现技法主要有以下几种。

（1）花刀处理法。花刀法，又称锲刀法、剞刀法、混合刀法，是运用直刀和斜刀在原料表面剞出一定深度刀纹的方法。花刀法主要适于柔韧、质脆或细嫩的原料，如猪肚头、鱿鱼、墨鱼、猪腰、鸡胗、鸭胗、猪里脊、兔柳、鱼肉等。通过剞刀，原料不仅易于成熟和入味，而且在受热后还可翻卷成相应的形态。

（2）卷包法（见图9-7）。卷包法是指把一些茸、末、丝、丁、片等小型原料，按有色与无色区分，放于具有韧性的大片原料上，或食用性纸片上，再卷包成筒状、长方形、正方形、三角形等。用于卷筒的原料主要有蛋皮、荷叶、网油、油豆皮、千张等。卷可分为单筒卷和如意卷两种。如意卷，又称双筒卷，指从皮的两端同时等距离地向中间对卷成形，如"如意蛋卷"等。用于卷筒的纸一般采用食用玻璃纸和威化纸，如"纸包鲜鱼"等。

（3）酿填法。酿填法是指在一种原料上，放上其他原料的成形方法。此法可分五种形式：①填入凸凹不平的原料表面。对于表面凸凹不平的原料，可用茸类原料填入其凹处，使原料表面平展，如将花菜裹上一层鱼缔或鸡缔氽熟，在鱼肚表面填上茸料蒸熟等。②填入盘空间，补充菜肴内容不足。有些热菜造型常采用此法，如一品鳜鱼等。③掏空原料部分内容，再填入相关原料。此法应用也较广，如将老南瓜掏出内瓤，取盖蒸熟，再装入烩制的鲜料。④将小型植物性原料的子（核）或小型动物性原料的内脏除去，在不破坏原料外表整体形状的条件下，填入准备好的原料，如开口笑（红枣中酿入糯米粉）、酿青椒（青椒中酿入猪肉馅料）、脆皮大肠（猪大肠中酿入馅料）等。⑤整形原料去骨（刺）后，填入相关原料，通常将鸡、鸭、鱼等整形原料去骨（刺），再填入相关原料，让其形态饱满，使其恢复原有自然形态或转变成其他形态。如八宝鸡（去骨后填入八宝料）、鱼咬羊（鱼从背部去骨刺后填入羊肉馅料）、葫芦鸭（鸭子去骨后填入八宝料，并制成葫芦形状）等。

（4）镶嵌法（见图9-8）。镶是把一个物体嵌入另一物体内或围在另一物体的边缘，主要用于整体原料之间的组合。如"掌上明珠"，就是把鹌鹑蛋镶于加工好的鸭掌上。一般来说，围摆原料多为植物性原料，且色泽艳丽，形象突出，主要起到美化主料、装饰整体效果的作用。

图9-7 卷包法　　　　图9-8 镶嵌法

3. 热菜装盘成形的基本方法

（1）直接装盘法是指将片、丁、丝、小块、小段等小型原料经过炒、烧、焖等烹调后，直接装盘，呈自然几何形状，一般多堆起。

（2）平行排列法（见图9-9）是指将蒸制、炸制、烤制的片、条、段、块、卷等成形美观的菜肴，用平行排列的方法装盘。

（3）放射排列装盘法（见图9-10）是指菜肴造型呈放射状，最典型的是炒菜心，取圆平盘，将菜心朝盘中围摆，分向心式与离心式两种，菜叶朝外为向心式，朝里为离心式。

图9-9　平行排列法　　　　　　图9-10　放射排列装盘法

（4）对称排列装盘法是指根据对称原理，将同色、同形、等量的菜肴均匀地装盘，使之形成完全均衡的图形，一般用于成形美观、大小均匀一致的小型条状或块状原料。

（5）围摆成形法是根据色彩的搭配规律和整体形状的要求，将各种形状的装饰物摆在菜肴四周，使菜肴呈明显的围边装饰效果。

（6）整体菜肴自然分解成形法即先把能突出整体原料特征的部分取下，再将主要食用部分分解成一定的形状，组合拼摆在盘中。多见于整体的动物类菜肴，例如将整只鸭的头部、腿部、翅膀取下，其他部分剁块，再恢复成整体形状装盘。

四、菜肴的盘饰

菜肴盘饰又称菜肴围边，是指结合菜肴的特点，将原料进行简单的刀工改制，在菜肴的盛器上或在菜肴的表面进行装饰点缀的一种方式。菜肴盘饰通常以菜肴为主体，顺盘边排放或放置于菜肴的中央。

1. 菜肴盘饰的基本要求

（1）要以食用为前提，合乎卫生要求，不影响菜肴味觉，装饰后更能诱人食欲，烘托气氛，尽量不要把装饰生料放在成熟的菜肴上。

（2）选材要合理，与菜肴的色泽搭配要和谐。

（3）刀工处理要得当，该细腻的一定要细腻，粗犷的刀工中也要蕴藏装饰品味，力求把细节做到位。

（4）装饰要突出主题，层次清楚，简洁明了，美观大方，不过分雕琢，不喧宾夺主，不搞"花架子"，让人一目了然。

（5）装饰主要着眼于一些特色菜、高档菜、造型菜，一般家常菜肴不必装饰。

（6）装饰手法要富于变化，不要每道菜都一样，否则失去了审美意义。

（7）装饰过程要在短时间内完成。

（8）尽量使用可利用的边角余料，以节约成本。

2. 菜肴盘饰的特点

（1）原料来源广泛，成本费用低廉。菜肴盘饰所用原料，可以选用果蔬原料、果酱、白砂糖、艾素糖等，虽然花费很少，但能起到事半功倍的效果。

（2）工艺不繁，操作简单。一般平面盘饰技法简单，一学就会，短时间内就能将平凡的果蔬转化为富有欣赏价值的装饰品，花费时间少，美化效果好。

（3）用途广泛，实用价值高。盘饰可用于各种不同档次和规格的菜点。可以根据菜肴的档次和各类盘饰作品的表现力，恰当选用果蔬、糖艺、果酱、花卉等不同类型的盘饰作品。可在装有菜肴的盘上添加使用，亦可在空盘上预先制作。

3. 菜肴盘饰的分类

（1）按形状和作用分。

1）包围式（见图9-11）。包围式是指以菜肴为主，将装饰点缀物沿盘边排放。围成的形状一般是几何图案，如圆形、三角形、菱形等。包围式适用单一口味的菜肴盘饰，一般适宜放置滑、炒等菜肴。

2）分隔式（见图9-12）。分隔式是指用装饰点缀物将菜肴分隔成两个或两个以上区域的一种式样。分隔式适用于两种或两种以上口味的菜肴，一般采用中间隔断或将圆盘三等分的式样，适宜放置煎、炸、滑、炒等菜肴。

图9-11　包围式　　　　　　　　　　　　图9-12　分隔式

3）中央式（见图9-13）。中央式是指将菜肴装饰点缀物放置在盘子的中央，菜肴呈放射状摆放的式样。中央式适合呈中心对称排列的菜肴，如蒸制、炸制菜肴。

4）边角式（见图9-14）。边角式是指以菜肴为主体，在盘子的一角装饰点缀。边角式适用菜肴类型的范围比较广泛，对菜肴的造型限制较少。

图9-13　中央式　　　　　　　　　　　　图9-14　边角式

5）象形式（见图9-15）。象形式是指运用各种刀具和特殊的操作手法将盘饰原料制作成象形的图案。象形式可以分为平面象形式和立体象形式。

图9-15 象形式

① 平面象形式（见图9-16），指用排放、拼装等手法将盘饰原料制作成各种平面象形式的图案，如鱼形、猪形、公鸡形等，适宜放置滑、炒等菜肴。

② 立体象形式（见图9-17），指用雕刻、排放、拼装等手法将盘饰原料制作成各种立体象形式的图案，如小鸟造型、龙形等，适宜放置的菜肴类型较为广泛。

图9-16 平面象形式

图9-17 立体象形式

（2）按表现形态分。

1）平面菜肴盘饰（见图9-18）。平面菜肴盘饰是以常见的新鲜水果、蔬菜为原料，利用原料固有的色泽及形状，采用切摆、拼贴、搭配、雕戳、排列等技法，组合成各种平面纹样图案，围饰于菜肴四周，或点缀于菜盆的一角、两侧，或用作双味及多味菜肴的间隔点缀等，使菜肴构成一个错落有致、色彩和谐的整体，从而起到突出菜肴主题、烘托菜肴特色、丰富席面、渲染宴席气氛、增加宴席趣味、提高档次的作用。

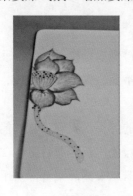

图9-18 平面菜肴盘饰

2）立体菜肴盘饰（见图9-19）。立体菜肴盘饰是一种立体雕刻和围边相结合的菜肴装饰方法。这是一种品位较高的盘饰，其艺术欣赏价值较高，适用于中高档的菜点及宴席点缀与装饰。此类盘饰一般配制在宴会席的主桌上和显示身价的主菜上，也可用于冷餐会及各种大型宴会场合。可选用水分充足、质地脆嫩、个体较大、外形符合作品要求、具一定颜色的果蔬，如南瓜、白萝卜、红萝卜、青萝卜、红菜头、黄瓜、柠檬、苹果、菠萝等。

图9-19　立体菜肴盘饰

（3）按选用原料分。

1）果酱画盘饰。采用各种果酱、果膏，利用裱花袋或专用果酱画工具在盘子上面画出具有一定造型的抽象线条，用于装饰菜肴或点心。

果酱类原料包括巧克力果膏、各种颜色的果酱。成品具有果酱的芳香，颜色高雅，线条流畅美观，光亮透明，抽象而有韵律。

2）果蔬类盘饰（见图9-20）。利用各种可食用水果或蔬菜原料进行切配或雕刻，制作成一定图案或造型后，摆放在盘子中心或旁边，用于装饰菜肴或点心，或用来盛装菜肴。有时也可以与果酱画结合使用。

图9-20　果蔬类盘饰

水果类原料包括苹果、樱桃、猕猴桃、橙子、柠檬、芒果、菠萝、西瓜等。瓜类原料包括冬瓜、南瓜等。蔬菜类原料包括黄瓜、番茄、青椒、红尖椒、蒜薹、西兰花、藕、芋头、胡萝卜、白萝卜、青萝卜、土豆等。

用水果制作的盘饰食用性强，具有水果的芳香，美观大方，能增进食欲。用蔬菜制作盘饰，原料来源广泛，方便快捷，盘饰多为绿色，新鲜而有生机，可以根据菜肴原料的造型进行装饰点缀，手法多样灵活。制作果蔬器皿来盛装菜肴，实用性强，使菜肴有果蔬的清香，有回归大自然之感。

3）花草类盘饰（见图 9-21）。利用各种小型的花草、叶茎结合造型，用于装饰菜肴或点心。有时也可以与果酱画线条相结合使用。花草类原料包括袖珍玫瑰、小菊花、百合、睡莲、蝴蝶兰、康乃馨、夜来香、满天星、情人草等。叶茎类原料包括天门冬、蓬莱松、富贵竹、剑叶、巴西叶、灯草、散尾葵等。

用鲜花制作盘饰，成品芳香、高雅，操作方便，随时用、随时摆，可以省略切配等程序，可与果酱结合使用，给人们以喜悦、温馨、浪漫的感觉。

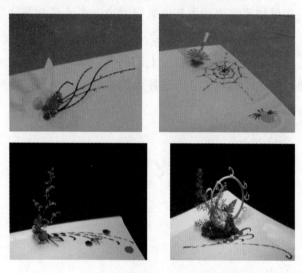

图 9-21　花草类盘饰

4）糖艺类盘饰。糖艺原料包括白砂糖、冰糖、葡萄糖浆、艾素糖等。糖艺作品有特殊的金属光泽，色彩艳丽，小巧玲珑，精致美观，给人以新奇、高雅的感觉，操作简捷，具有较强的装饰性。

5）巧克力果酱盘饰（见图 9-22）。巧克力果酱盘饰是一种美食装饰技巧，通常用于装饰蛋糕、甜点或其他糕点。它由巧克力果酱制成，可以制成各种形状和图案，如花朵、蝴蝶、星星等。巧克力果酱盘饰可以增加糕点的美观度和口感，让人们更加喜欢食用。制作巧克力果酱盘饰需要一定的技巧和经验，一旦掌握了技巧，就可以轻松制作出各种美丽的巧克力果酱盘饰。

图 9-22　巧克力果酱盘饰

━━━━━━《模块小结》━━━━━━▶

　　本模块介绍了菜肴的盛装与美化，阐明了两者之间的联系与区别；概述了菜肴盛装与美化的基本原则，凉菜造型与热菜美化的表现技法，菜肴盘饰的基本要求、特点及表现技法。

　　菜肴的盛装与美化可使菜肴更精致和更有吸引力。中式菜肴美化应做到以下几点：首先是色泽要艳丽，颜色要分明；其次是形状要端庄，平整大方；最后是营养要充足、均衡。此外，还要注意材料的搭配，力求达到视觉上的协调，以满足人们的审美需求。采用表面装饰、烹饪工艺处理等方式，将菜肴装饰出精致的姿态，让食客感受到菜品的高雅气息也是必不可少的。

━━━━━━《同步练习》━━━━━━▶

一、填空题

1. 菜肴美化是_____的重要组成部分。

2. 中式菜肴美化的基本原则是_____、_____、_____。

3. 中式烹调原料都有特定的_____。

4. _____是指将一些丝、丁等原料进行堆放，成为自然形状。

5. 直接装盘法是指将片、_____、_____、_____、_____等小型原料经过炒、烧、焖等烹调后，直接装盘。

二、单项选择题

1. （　　）指把类似圆球的熟制凉菜，按其大小的不同和造型的要求在盘中进行堆放，如麻仁球等。

　　A. 点堆法　　　　B. 围摆成形法　　　C. 块面平放法　　　D. 自然成形法

2. 餐盘围边装饰中的中央式是在（　　）摆放造型。

　　A. 餐盘的半边　　B. 餐盘的一端　　C. 餐盘的两端　　D. 餐盘的中间

3. （　　）是指用装饰点缀物将菜肴分隔成两个或两个以上区域的一种式样。

　　A. 端饰法　　　　B. 分段围边式　　C. 半围式　　　　D. 分隔式

4. 餐盘装饰（　　）应与菜肴体量的大小相适应。

　　A. 原料的色彩　　B. 选择的造型　　C. 重心的确定　　D. 体量的大小

5. （　　）是以常见的新鲜水果、蔬菜为原料，利用原料固有的色泽及形状，采用切摆、拼贴、搭配、雕戳、排列等技法，组合成各种平面纹样图案，围饰于菜肴周围，或点缀于菜盆的一角、两侧。

    A．平面菜肴盘饰   B．立体菜肴盘饰   C．果蔬菜肴盘饰   D．花草类盘饰

三、简述题

1．什么是围摆成形法？

2．菜肴盘饰的特点是什么？

实训项目

实训任务：盛器和盘饰的合理搭配。

实训目的：掌握盛器的形态，盛器和盘饰形状、色泽的合理搭配。

实训内容：

1．知识准备

（1）盛器的形态。

盛器的形态各式各样，盛器的式样对菜肴的成品质量有着举足轻重的作用。制作好的菜肴需要一个好的盛器来盛放，加上适当的盘饰使盛器、盘饰和菜肴达到完美的统一。常见的盛器有玻璃、瓷、陶、金、银等不同材质，从外形上可分为象形盛器和几何形盛器等。

1）象形盛器。象形盛器是在模仿自然形象的基础上设计而成的，例如，模仿花、树叶等植物造型设计而成的盛器，还有模仿鱼、蟹、鸡等动物造型设计而成的盛器等。这些栩栩如生的盛器使宴席情趣盎然，生机勃勃。

2）几何形盛器。几何形盛器一般以椭圆形、圆形、多边形等为主，装饰纹样多沿盛器四周均匀对称地排放，有一种特殊的曲线美、对称美和节奏美。

（2）盛器和盘饰形状、色泽的合理搭配。

菜肴盘饰的设计制作要根据盛器的形状而定。一般来说，使用几何形盛器可以根据菜肴的外形和盛器的形状来设计盘饰，以使菜肴、盘饰和盛器达到统一、和谐。使用象形盛器所制作的盘饰，要充分利用象形图案的特点，在与盛器组配时要求形式统一。例如，用腰盘或鱼形盘作鱼类菜肴的盛器，加上适当的盘饰，可使菜肴、盛器和盘饰达到完美统一。

在制作菜肴盘饰时，一般选用色彩单一、无明显图案的盛器，如纯白色盘、无色透明盘、黑亮的漆器盘等。这类盛器颜色单一，可较好地衬托盘饰和菜肴。通常以纯白色盘使用较多，它具有清洁、雅致的美感，一般的盘饰和菜肴都能与白色盛器相配。而在选用其他颜色的盛器时，要注意盛器的颜色是否与盘饰原料的颜色冲突。例如，绿色的盛器不适宜排放较多绿色的盘饰，包括黄瓜、西芹等原料；红色的盛器不适宜排放较多红色的盘饰

原料，如番茄、胡萝卜等。所以，盛器和原料之间的色泽只有合理搭配，才能起到烘托席面气氛，调节客人用餐情绪，刺激食欲的作用。

2. 网络搜索

通过网络搜索更多关于盛器与盘饰的相关知识，以更好地美化菜肴。

实训要求：

教师根据学生实际操作过程和结果给学生打分，并将结果填入菜肴围边评价标准表，样表见表 9-1。

表 9-1　菜肴围边评价标准

姓　名	评 价 指 标					合　计	备　注
	盛器选择 （25 分）	造型摆布 （25 分）	创新创意 （25 分）	安全卫生 （15 分）	节约 （10 分）		
学生 A							
学生 B							
学生 C							
...							

参 考 文 献

[1] 李刚. 烹饪刀工述要 [M]. 北京：高等教育出版社，1988.

[2] 高山. 中式烹调工艺基础 [M]. 北京：中国劳动社会保障出版社，2003.

[3] 郑昌江，卢亚萍. 中式烹饪工艺与实训 [M]. 北京：中国劳动社会保障出版社，2005.

[4] 袁新宇. 烹饪基本功训练 [M]. 北京：旅游教育出版社，2007.

[5] 丁玉勇. 基础菜肴制作 [M]. 北京：化学工业出版社，2008.

[6] 薛党辰. 烹饪基本功训练教程 [M]. 北京：中国纺织出版社有限公司，2020.

[7] 周晓燕. 烹调工艺学 [M]. 北京：中国纺织出版社，2017.

[8] 张胜来. 烹饪基本技能 [M]. 北京：化学工业出版社，2009.

[9] 范建新，王岩. 烹饪基本技能 [M]. 3 版. 北京：中国劳动社会保障出版社，2020.

[10] 范震宇. 中式烹调师 [M]. 杭州：浙江科学技术出版社，2012.

[11] 杜莉. 中国烹饪概论 [M]. 北京：中国轻工业出版社，2011.

[12] 冯玉珠. 烹调工艺学 [M]. 4 版. 北京：中国轻工业出版社，2014.

[13] 杨征东. 刀工技能 [M]. 北京：知识产权出版社，2015.

[14] 童光森，彭涛. 烹饪工艺学 [M]. 北京：中国轻工业出版社，2020.